化学污染物
在环境中迁移转化的应用研究

荆海龙　张　蕾　著

中国原子能出版社

图书在版编目（CIP）数据

化学污染物在环境中迁移转化的应用研究／荆海龙，
张蕾著．--北京：中国原子能出版社，2020.9
ISBN 978-7-5221-0910-7

Ⅰ.①化… Ⅱ.①荆… ②张… Ⅲ.①化学污染物一
迁移一研究 Ⅳ.①X5

中国版本图书馆 CIP 数据核字（2020）第 187602 号

内 容 简 介

本书以化学污染物在环境介质中的转化过程及迁移规律为主线，运用化学理论和方法研究化学污染物对生态环境的影响，同时较全面、深入地阐明了环境化学的主要内容、基本原理、机制和规律，具体内容包括：大气环境化学、水环境化学、土壤环境化学、环境生物化学、典型污染物的特性及其在环境中的迁移转化等。本书注重理论联系实际，内容翔实，重点突出，既从理论上阐述机理，又具有实用性。本书可供环境科学、环境工程类及相关专业人员参考，也可供从事环境保护、化学研究领域的科研、工程和管理人员参考。

化学污染物在环境中迁移转化的应用研究

出版发行	中国原子能出版社（北京市海淀区阜成路 43 号　100048）
责任编辑	张　琳
责任校对	冯莲凤
印　　刷	北京亚吉飞数码科技有限公司
经　　销	全国新华书店
开　　本	787mm×1092mm　1/16
印　　张	12.375
字　　数	222 千字
版　　次	2021 年 6 月第 1 版　2021 年 6 月第 1 次印刷
书　　号	ISBN 978-7-5221-0910-7　　定　价　62.00 元

网址：http://www.aep.com.cn　　E-mail：atomep123@126.com
发行电话：010—68452845　　版权所有　侵权必究

前　　言

纵观历史的发展,每一个时期都会对环境产生一定的影响。原始社会的取火,奴隶社会的青铜器,封建社会的铁器火药等,但这些都对环境的影响不大,可以说在环境的自净化作用后毫无影响。但从 18 世纪 60 年代工业革命开始环境的状况就发生了改变,一直到现在还是陆陆续续有环境危害事件发生。

环境污染并非个别学科、技术领域或某类企业造成的,而是早期社会生产盲目发展的必然结果。事实上,无论是预防污染还是治理污染,化学始终都是中流砥柱,化学是环境的朋友、环境决策的参谋和污染治理的主力军。最近二三十年来,随着人们对环境保护的重视,环境科学得到了迅速发展。作为环境科学的核心内容,环境化学自然也产生了很大的变化。环境化学以环境问题为研究对象,以解决环境问题为目标,是一门研究有害化学物质在环境介质中的存在、化学特性、行为和效应及其控制的学科。

环境化学研究的是一个多组分、多介质的复杂体系,污染物在环境中分布广泛、含量很低且存在动态变化。为了弄清污染物对环境的危害程度,不仅要对污染物进行定量检测,还要阐明污染物在环境中迁移、转化和归趋的规律,以及可能产生的生态效应和风险,提出相应的防控措施,这就需要应用化学生物、地学、水文地质和气象学等学科的基础理论和方法进行多学科的综合研究,使得环境化学与其他学科相互交叉、相互渗透,大大丰富了环境化学的研究内容,还将为环境化学同其他学科的相互渗透、相互促进提供许多新的领域。

本书以阐述化学物质在大气、水、土壤、生物各环境介质中迁移转化过程及其效应为主线,全面深入地论述这些过程的机制和规律,并注重反映环境化学及环境工程领域最新研究成果和进展。本书共分六章,第一章作为全书开篇,首先针对环境及环境污染的相关问题展开讨论,从而为下述章节的展开做好理论铺垫;第二章至第五章依次对大气环境化学、水环境化学、土壤环境化学、环境生物化学展开重点论述;第六章典型污染物的特性及其在环境中的迁移转化,则以重金属类污染物和有机污染物展开论述。

本书由荆海龙、张蕾共同撰写,具体分工如下:

第一章、第三章、第四章:荆海龙(阳泉师范高等专科学校),共计约11.088万字;

第二章、第五章、第六章:张蕾(阳泉师范高等专科学校),共计约10.864万字。

由于时间仓促和作者水平有限,书中不妥及疏漏之处在所难免,切望各位同仁赐教,同时,也希望专家、学者在使用过程中能提出宝贵意见,以使本书得以完善。

作　者
2020 年 7 月

目　　录

第一章 绪 论

工业革命使得生产力得以迅速发展,机械化生产在创造大量财富的同时,在生产过程中排出废弃物,从而造成环境污染。特别是对自然资源的不合理开发利用,造成了全球性的环境污染和生态破坏。目前,存在的主要环境问题有:温室效应、臭氧层破坏、气候变化、水资源的短缺和污染、有毒化学品和固体废弃物的危害、酸雨、土地沙漠化以及生物品种的减少等,这已对人类的生存和发展构成了威胁。

第一节 环境问题

一、环境与环境问题

(一)人与环境

环境是相对于中心事物而言的,和某一中心事物有关的周围事物都是这个中心事物的环境。

在环境科学中,中心事物是人类,除人类之外的事物都被视为环境,因此,环境就包括人类赖以生存和发展的自然环境以及人类创造的社会环境,是两者的综合体。

人与环境(The Anthrosphere and Environment)的关系见图 1-1。人类从环境中获取空气、水、矿产资源、食品等,而向环境排放废气、废水、固体废弃物和有毒有害物质。人类活动同时也影响着大气圈、水圈、地圈和生物圈之间的物质交换。例如,人类活动使温室气体增加,从而引起全球气候变化,进而引发各种灾害。因此,人类必须改变破坏环境的坏习惯,逐渐养成与环境友好相处的好习惯。

《中华人民共和国环境保护法》把环境定义为:"影响人类生存和发展的各种天然的和经过人工改造的自然因素的总体,包括大气、水、海洋、土地、矿藏、森林、草原、湿地、野生生物、自然遗迹、人文遗迹、自然保护区、风景名胜区、城市和乡村等。"

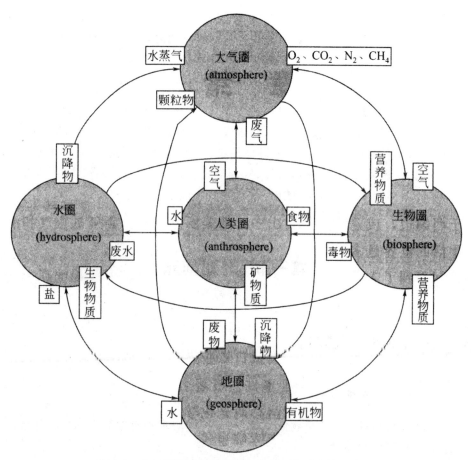

图 1-1　人与环境及各环境圈间的主要物质交换示意图

人类生存的自然环境由大气、水、土壤,阳光和各种生物组成,在环境科学中通常把它们描述成大气圈、水圈、岩石圈和生物圈。四个圈层在太阳能的作用下不断地进行着物质的循环和能量的流动,为人类的出现奠定了基础。人类在生存斗争的过程中开始了改造自然环境的活动。社会环境就是人类在改造自然环境的过程中形成的人工环境。社会环境是人类物质文明和精神文明的标志,并随着人类社会的发展而不断地变化。人类从自然界获取资源,通过生产和消费参与自然环境的物质循环和能量流动,不断地改变着自然环境和社会环境。人类和环境进入了相互依存和相互作用的新阶段。

（二）环境的功能特性

环境具有如下功能特性，对于功能特性的认识是认知和理解环境科学的基础。

1.环境的整体性

环境是一个系统，自然环境的各要素间存在着紧密的相互联系、相互制约的关系。局部地区的污染可带来全球的危害。例如，河流上游的污染就威胁着下游居民的安全，瑞典酸雨中有邻国大气污染的贡献，南极的企鹅体内有 DDT 的积累，而大气中臭氧空洞的造成则是世界各国共同作用的结果。所以人类的生存环境及其保护，从整体上看是没有地区界线和国界的。

2.环境资源的有限性

环境是资源，但这种资源不是无限的。环境中的自然资源可分为非再生资源和再生资源两大类。前者指一些矿产资源，如铁、煤炭等。这类资源是不可再生的，随着人类的开采其储量不断减少。后者则包括生物、水、大气等资源。如森林生态系统的树木被砍伐后还可以再生，水域生态系统中只要捕获量适度和生存环境不被破坏，人类所需的各种水产品就会源源不断。

但是，由于受各种因素（如生存条件、繁衍速度、人类获取的强度等）所制约，在具体时空范围内，对人类来说各类资源都不可能是无限的。例如，水是可以循环的，也属可再生资源，但因其大部分的循环更替周期太长，加之区域分布不均匀和季节降水差异性大，淡水资源已出现危机。而洁净的新鲜空气也并非取之不尽的。据美国公共卫生局的统计，为空气污染所付出的总开支大约每年每人 60 美元，这意味着在许多大气污染比较重的地区，为了健康，有的人不得不花钱购买正常生活所必需的洁净空气。

3.不可逆性

环境系统的运转过程包括能量流动和物质循环这两个过程。虽然后者可逆但前者不可逆，因此整个过程为不可逆的。所以环境一旦遭到破坏，就物质循环规律来说，可能实现局部的恢复，但不能彻底回到原来的状态。比如由于过度捕捞，我国沿海的黄鱼曾一度绝迹，经过很多年以后才重新恢复过来。

4.隐显性（隐蔽性）

除了事故性的污染与破坏（如骤发性自然灾害、人为污染等）可直观其后果外，日常的环境污染与破坏对人们的直观影响，需要一段时间才能显现。如日本汞污染引起的水俣病，经过 20 年时间才显现出来；虽然已停止使用 DDT，但其已进入水圈、生物圈，如人体中的 DDT 需要经过几十年才能从身体中彻底排除。

5.持续反应性

事实证明，环境污染不但影响到当代人的身心健康，而且还会对后代子孙造成遗传隐疾。1986 年 4 月 26 日，位于现乌克兰境内的切尔诺贝利核电站发生核泄漏事故，酿成了世界和平利用核能史上的最惨重的灾难。又如 1953—1956 年，日本熊本县水俣镇一家氮肥公司排放的含汞废水，不但在海水、底泥和鱼类中富集，而且又经过食物链使人中毒。1991 年，日本环境厅公布的中毒病人有 2 248 人，其中 1 004 人死亡。

6.灾害放大性

某一部位自然环境受到污染和破坏后，其影响是可以极具放大的。例如，一片森林被砍伐后，不但影响该地区的气候环境，而且在未来的岁月里会加剧水土流失。再比如，2005 年 11 月的松花江吉林段的苯类物质污染，在事发后污染带以 3 km/h 的速度向下游十几个县市转移。2006 年水质监测结果表明，松花江干支流主要污染指标高锰酸盐指数和氨氮呈加重趋势；支流水质污染比 2005 年明显加重，总体上为重度污染。

正确理解和认识环境的功能特性才能合理正确地利用和保护环境。依据现有环境特性，进行全盘性、整合性的规划与实践，促使经济高速发展，社会高效创造，并与环境保护有效整合，使整个世界能够可持续发展。

（三）环境问题

环境问题是指由于人类活动或自然因素使环境发生不利于人类生存和发展的变化，对人类的生产、生活和健康产生影响的问题。自然环境问题如洪水、干旱、风暴、地震等，人类难以阻止，但可以采取措施减少其不利影响。人类在利用和改造自然的活动中，由于认识能力和科学水平的限制，使大气、水体、土壤等自然环境受到大规模破坏，生态平衡受到日益严重的干扰。正如恩格斯所说："我们不要过分陶醉于我们对自然界的胜利。对于每一次这样的胜利，自然界都报复了我们。每一次胜利，在第一步都确实取得了我们预期的结果,但是在第二步和第三步却有了完全不同的、出乎预料的影响,常常把第一个结果又取消了。"

当前人类全体面临的环境问题至少有以下几个方面:

(1)天然生态系统逐渐消失。野生物种大量灭绝,生态系统简化。农业生态系统高度发展,少数几种作物代替多样化植被。人类愈来愈借助化肥和农药来维持农业生态系统的稳定,给生态系统带来严重后果。

(2)城市化进程加剧,农耕用地面积逐渐缩小,环境背景被破坏。全球性环境污染问题日趋严重。

(3)土地利用不合理,土壤侵蚀严重,土壤肥力下降,土地荒漠化成为全球问题。

(4)矿物燃料的燃烧和森林的减少,使大气层中 CO_2 含量不断增加,同时伴随着热带雨林面积的减少,全球气候发生重大变化。

(5)人类对地壳内部金属矿产的开采、利用和弃置,最终将造成这些金属元素在地表环境中的浓度增高。这些金属元素对不少有机体是有毒害的,如汞、镉、铅等。它们通过食物链危害生物系统。

环境科学所研究的环境问题,就是人类对自然环境的"胜利"和自然环境对人类的"报复"。

二、全球面临的重大环境问题

(一)资源紧缺

人口的剧增、人类消费水平的提高,使地球的资源变得紧缺。全球人口 1804 年只有 10 亿,1927 年突破 20 亿,1960 年接近 30 亿,1975 年达到 40 亿,1990 年达到 53 亿,1999 年超过 60 亿,2016 年已达 70 多亿。要供养如此多的人口,人类不得不掠夺式地开发自然资源。按照目前的开采速率,全球已经探明贮量的煤炭还能持续 200 年左右,而石油和天然气分别只能维持大约 40 年和 70 年。发达的工业化国家,每人每年需要 45～85 t 的自然资源。目前,生产 100 美元的产值需要 300 kg 的原始自然资源。全世界大约有 95 个国家的农村,近一半人口日常生活依赖生物质能源。这些人中,约有 60% 靠砍伐树木取得柴薪,还有的地区以秸秆为柴,造成了森林的破坏和土地的沙化,使农业生态环境进一步恶化。

随着全球经济的发展,人类对淡水资源的需求也在不断增长。2000 年,人类用水量是 1975 年的 2～3 倍。目前,全球有 100 多个国家缺水,有 43 个国家严重缺水,约有 17 亿人得不到安全的饮用水,超过 6.63 亿人在家园附近没有安全水源。水体污染加剧,对解决水资源短缺问题更是雪上加霜。目前,全球污水体积巨大,很多水体受到污染,占全球径流量的14%以上。随着工业的飞速发展,海洋运输和海洋开采也得到不断发展。海洋污染越来越严重。农业灌溉对淡水的浪费、地下水超量开采,都使水资源成为21世纪最紧迫的资源问题。

(二)气候变化

全球变暖趋势越来越受到人们的关注。在过去的125年,全球平均地面温度上升了约0.6 ℃,北极地区升温是其他地区的2倍,冰川大面积消融,海平面上升14~25 cm。引起全球变暖的主要原因是"温室效应"。大气中具有温室效应的气体有30多种,其中CO_2起到很大的作用。在人类社会实现工业产业化的19世纪,全球每年排放CO_2约9.0×10^9 t,1850年大气中CO_2的浓度为280 mL·m^{-3};20世纪末年均排放量为2.3×10^{10} t,20世纪末大气中CO_2的浓度增至375 mL·m^{-3};2015年大气中CO_2的平均浓度首次达到400 mL·m^{-3}。大气中CO_2的浓度正在以每年约0.4%的速度增加。

温室效应增加了全球气象灾难事件的数量和危害程度。2006—2007年的暖冬,厄尔尼诺现象频繁发生,拉尼娜现象接踵而来,给世界造成了巨大的损失。初步研究表明,全球气候变暖会引起温度带的北移,进而导致大气运动发生相应的变化。蒸发量增加将导致全球降水量的增加,而且分布不均。一般而言,低纬度地区现有雨带的降水量会增加,高纬度地区冬季降雪量也会增加。而中纬度地区夏季降水量会减少。对于大多数干旱、半干旱地区,降水量增加是有利的,面对于降水量较少的地区,如北美洲中部、中国西北内陆地区,则会因为夏季雨量的减少变得更加干旱,水源更加紧张。

全球变暖导致海平面上升引起低地被淹、海岸被冲蚀、排洪不畅、土地盐渍化、海水倒灌等。具体可参见图1-2所示大气组成和人为的气候变化对生物圈和人类生产的影响。

(三)酸雨蔓延

1972年6月在第一次人类环境会议上瑞典政府提交了《穿越国界的大气污染:大气和降水中的硫对环境的影响》报告。1982年6月在瑞典斯德哥尔摩召开了"国际环境酸化会议",这标志着酸雨污染已成为当今世界重要的环境问题之一。

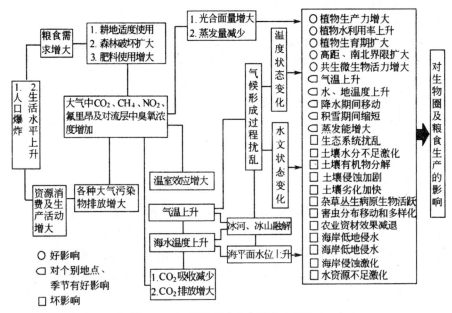

图 1-2 气候变化对生物圈及人的影响

中国是个燃煤大国,煤炭消耗约占能源消费总量的 75%。随着耗煤量的增加,二氧化硫的排放量也不断增长。以长沙、赣州、南昌、怀化为代表的华中酸雨区现已成为全国酸雨污染最严重的地区,其中心区年降水 pH 低于 4.0,酸雨频率高达 90%,华北、东北的局部地区也出现酸性降水。随着我国对二氧化硫和氮氧化物的综合治理,酸雨的酸度有下降趋势;尤其是全国范围内"煤改气工程""燃煤清洁化""能源结构多样化"等措施实施后,酸雨的范围和酸度也会发生较大的变化。

(四)臭氧层破坏

臭氧层存在于对流层上面的平流层中,臭氧在大气中从地面到 70 km 的高空都有分布,其最大浓度在中纬度 24 km 的高空,向极地缓慢降低。由于环境影响,在南极、在北极上空也出现了臭氧减少现象。特别是在 1991 年 2 月和 1992 年 3 月,北极某地区臭氧下降 15%～20%。研究检测表明,1979—1994 年中纬度地区,北半球每 10 年臭氧下降 6%(冬季和春季)或 3%(夏季和秋季);南半球每 10 年臭氧下降 4%～5%;热带地区没有观察到明显的臭氧下降。

1994 年,南极上空的臭氧层破坏面积已达 2.4×10^7 km²,北极地区上空的臭氧含量也有减少,在某些月份比 20 世纪 60 年代减少了 25%～

30％；欧洲和北美上空的臭氧层平均减少了 10％～15％；西伯利亚上空甚至减少了 35％。1998 年 9 月，南极的臭氧空洞面积进一步扩大。2000 年，南极上空的臭氧空洞面积达 $2.8×10^7$ km^2。2003 年臭氧空洞最大面积约为 $2.9×10^7$ km^2。在被称为世界"第三极"的青藏高原，中国大气物理及气象学者通过观测也发现，青藏高原上空的臭氧正在以每 10 年 2.7％的速度减少，已经形成大气层中的第三个臭氧空洞。

虽然人类已采取多种措施保护臭氧层，但南极上空的臭氧空洞依然很大，臭氧层修复的速度远非预期的那样快。

（五）生态环境退化

人类从环境攫取资源的同时，由于缺少合理的开发方式和相应的保护措施而破坏了自然的生态平衡。目前，尽管各国人民都在进行着同荒漠化的抗争，但荒漠化仍以每年 $(5～7)×10^4$ km^2 的速率扩展，全球荒漠化面积达到 $3.8×10^7$ km^2，占地球陆地总面积的 1/4，使世界 2/3 的国家和 1/5 的人口受到其影响。

由于人口膨胀，对粮食、树木的需求不断增长，森林遭到严重破坏。在人类历史过去的 8 000 年中，有一半的森林被开辟成农田牧场或作他用。1990 年，全球森林面积约 $4.128×10^8$ km^2，占全球土地面积的 31.6％，而到 2015 年则变为 30.6％，约 $3.999×10^8$ km^2。1990—2000 年全球年均净减少森林面积 $8.9×10^6$ km^2，2000—2005 年全球年均净减少森林面积 $7.3×10^6$ km^2。2010—2015 年，非洲和南美洲森林的年损失率最高，森林面积分别减少 $2.8×10^6$ km^2 和 $2×10^6$ km^2。全球森林主要集中在南美、俄罗斯、中非和东南亚。全球森林的破坏主要表现为热带雨林的消失。热带雨林大面积的滥伐将导致水土流失的加剧、灾害的增加和物种消失等一系列的生态环境问题。

森林的大面积减少、草原的退化、湿地的干枯、环境的污染和人类的捕杀使生物物种急剧减少，许多物种濒临灭绝。2012 年世界自然保护联盟（IUCN）濒危物种红色名录被评估的 63 837 个物种中，801 个物种已灭绝，63 个物种野外灭绝，3 947 个物种严重濒危，5 766 个物种濒危，10 104 个物种脆弱（易受伤害）。

（六）城市环境恶化

目前，全球正处在城市化速率加快的时期，城市工业发展，基础建设推进，生活废弃物使城市环境污染越来越突出。大气污染使许多城市处于烟雾弥漫之中，全球城市废水量已达到几千亿吨。发展中国家 95％以上的污水未经处理直接排放,严重污染了城市水体。由于城市人口的不断膨胀,造成居住环境压力日益增大。住房拥挤是当代世界各国普遍存在的重大社会问题。近期还发现,由混凝土、砖、石等建材中放射性元素镭蜕变产生的放射性氧污染严重。另外,室内电磁辐射的污染、交通堵塞和交通噪声、垃圾围城等已成为世界城市化的难题之一。

第二节　环境污染物

由于环境是一个开放的动态体系,污染物由排放源进入环境后便开始参与环境中的各种交换和循环过程,经过一定的停留时间后,又通过物理沉降、化学反应、生物活动等过程去除或转化为无害的形式。当污染物进入环境的速率大于环境中去除的速率时,就会在环境中积累而使浓度升高。若升高到超过了安全水平时,便会直接或间接地对人体、动植物和其他受体造成急慢性伤害。像甲烷、二氧化碳等气体过去一直被人们当作是大气中的常量组分,对人体健康没有直接危害。但近年来的研究发现,它们具有"温室气体"的性质,其浓度升高会造成全球性大气升温,从而导致极地冰川融化和相应的海平面上升,给人类生活带来巨大影响。另外像有些含卤素的烃类化合物,如CFCs,在对流层大气中对环境没有明显影响,但因其寿命较长,经过一定时间可以到达平流层,消耗平流层中的臭氧,使地面受到的紫外辐射增加,对人类生活和植物生长以及其他方面都造成危害。这种影响若长期积累,后果将十分严重。

一、环境污染

环境污染是指在生态系统中有害物质进入环境后使环境的构成或状态发生变化,导致环境质量下降,从而扰乱和破坏了生态系统以及人们正常的生活和生产的现象。环境污染的概念可以简要表述如下:(自然因素或人为因素的冲击破坏)−(包括自净能力在内的自然界动态平衡恢复能力)=(环境污染造成的危害)。

据统计,现在全世界每年新出现日用化学品有 500~1 000 种,其中很多化学品对于生物具有一定的危害性,或是立即发生作用,或是通过长期作用而在植物、动物和人的生活中引起各种不良影响。

二、化学污染物

对环境产生危害的化学污染物可概括分为九类。

(1)元素。如铅、镉、铬、汞、砷等重金属和准金属、卤素(臭氧)、黄磷等。

(2)无机物。如氰化物、一氧化碳、氮氧化物、卤化氢、卤化物、卤氧化物、次氯酸及其盐、硅的无机化合物(如石棉)、无机磷化合物、硫的无机化合物等。

(3)有机化合物和烃类。包括烷烃、不饱和非芳香烃、芳烃、多环芳烃(PAH)等。

(4)金属和准金属有机化合物。如四乙基铅、羰基镍、苯铬、三丁基锡、单甲基或二甲基胂酸、三苯基锡等。

(5)含氧有机化合物。包括环氧乙烷、醚、醇、醛、有机酸、酯、酐、酚类化合物等。

(6)有机氮化合物。如胺、腈、硝基苯、三硝基甲苯(TNT)、亚硝胺等。

(7)有机卤化物。如四氯化碳、脂肪基和烯烃的卤化物(如氯乙烯)、芳香族卤化物(如氯代苯)、氯代苯酚、多氯联苯(PCBs)乃至氯代二噁英类等。

(8)有机硫化合物。如烷基硫化物、硫醇、二甲砜、硫酸二甲酯等。

(9)有机磷化合物。主要是磷酸酯类化合物(如磷酸三甲酯、磷酸三乙酯、磷酸三邻甲苯酯、焦磷酸四乙酯)，有机磷农药、有机磷军用毒气等。

三、环境污染物迁移转化

污染物的迁移是指污染物在环境中所发生的空间位移及其所引起的富集、分散和消失的过程。污染物的转化是指污染物在环境中通过物理、化学或生物的作用,改变存在形态或转变为另一种物质的过程。污染物的迁移和转化常常是相伴而行的。

重金属是具有潜在危害的重要污染物,其威胁性在于不能被微生物分解,反而会被富集或转化为毒性更强的金属有机化合物。如由汞在各环境要素圈层迁移转化形成的循环可以看出:由于汞化合物的高度挥发性,进入土壤中的汞可以通过土壤和植物的蒸腾作用而又被释放到大气中去,也可以被植物吸收,还可以被降水引入地面水和地下水中。在天然水体中,汞主要被水中的悬浮微粒所吸附,最后沉降为水体沉积物;在河流底质中,汞主要是与有机质的迁移转化相联系,悬浮态汞是汞迁移的主要形式。底泥中的汞可在微生物的作用下转化为甲基汞(CH_3Hg^+),甲基汞可溶于水,因此又从底泥回到水中。水生物摄入甲基汞,可在体内积累,并通过食物链不断富集。受汞污染的水体中的鱼,体内甲基汞的浓度可比水中的浓度高上百倍。

第三节 环境化学

环境化学是环境科学的核心组成部分,它涉及面十分广泛。高到研究氟利昂在平流层中与臭氧的反应,低到分析多氯联苯在海洋底泥中的累积;大到了解碳、氮等元素在全球的循环,小到钻研有毒有害污染物对生物体和人体基因的影响。一个较完整的定义是:环境化学是研究水、大气、土壤和生物环境中化学物质的来源、反应、迁移、效应和归宿,以及人类活动对这些过程影响的科学。简单地说,环境化学是以化学原理为基础,研究环境污染及其控制的科学。

环境化学研究的自然体系比"纯"化学更复杂。由于环境中污染物的性质复杂、含量很低,为了研究环境化学问题,需要有好的分析化学手段,常常要求分析方法达到很低的检出限。因此环境分析化学是环境化学的基础和重要组成部分(一般都另外设置"环境监测"课程)。但是,企图靠投入大量的人力、物力(包括昂贵的仪器)监测环境中每一种可能的污染物的行踪来达到控制环境污染的目的并不是明智的。我们可以更聪明一些,应该将对环境中化学物质的性质和行为的理解尽可能多地应用于解决环境问题。

一、环境化学的定义

1972 年 Honne 在所著《环境化学》定义:"环境化学是研究岩石圈、水圈、生物圈、外层大气圈的化学组成和其中发生的过程,特别是界面上的化学组成和过程的学科。"

《自然科学学科发展战略研究报告:环境化学》一书提出:"环境化学是一门研究潜在有害化学物质在环境介质中的存在,行为效应(生态效应、人体健康效应及其他环境效应)以及减少或消除其产生的科学。"

我国环境学家戴树桂等认为:"环境化学是一门研究有害化学物质在环境介质中的存在、化学特性、行为和效应及其控制的化学原理和方法的科学。它既是环境科学的核心组成部分,也是化学科学的一个新的重要分支。"

二、环境化学的任务

环境化学是在化学科学的传统理论和方法的基础上发展起来的,是以化学物质在环境中的出现而引起的环境问题为研究对象,以解决环境问题为目标的一门新兴学科。环境化学作为一门独立的学科具有自身的特点和内涵,主要是综合运用环境科学和化学科学的基本理论、方法,阐述和解释环境问题的化学本质,为调控人类活动的行为提供科学依据。目前较为普遍的关于环境化学的定义描述为:环境化学是一门研究化学物质在环境介质(大气、水体、土壤、生物)中的存在、化学特性、行为和效应及其控制的化学原理和方法的科学。环境化学强调从化学的角度阐述和解释环境的结构、功能、状态和演化过程及其与人类行为的关系,从而区别于环境科学的其他分支学科。

三、环境化学的基本内容

环境化学的基本内容(Basic Content of Environmental Chemistry),根据环境要素分,一般可分为水环境化学、大气环境化学、土壤环境化学和环境生物化学;根据学科细分,又可分为环境分析化学、环境污染化学和环境污染控制化学等。环境化学的分支学科和覆盖的研究领域如表 1-1 所列。

表 1-1 环境化学分支学科划分

分支学科	研究领域
环境分析化学	环境有机分析化学 环境无机分析化学 环境中化学物质的形态分析
各圈层的环境化学	大气环境化学 水环境化学 土壤环境化学 复合污染物的多介质环境行为
污染(环境)生态化学	化学污染物的生态毒理学研究 环境污染对陆地生态系统的影响 环境污染对水生生态系统的影响 化学物质的生态风险评价

续表

分支学科	研究领域
环境理论化学	环境界面化学 定量结构活性相关研究 环境污染预测模型
污染控制化学	大气污染控制 水污染控制 固体废物污染控制与资源化 绿色化学与清洁生产

注:引自《环境化学》第二版,戴树桂主编,2006 年.

美国环境化学家 Stanley E.Manahan 编著的《环境化学》(第 7 版)一书,是目前同类教科书中内容涵盖面最为广泛的教材,全书共分 27 章,它们是:①环境科学技术与化学;②人、工业生态系统与环境化学;③水化学基础;④氧化还原;⑤相间作用;⑥水生微生物的生物化学;⑦水污染;⑧水处理;⑨大气层与大气化学;⑩大气中的颗粒物;⑪大气无机气体污染物;⑫大气有机污染物;⑬光化学烟雾;⑭温室效应、酸雨和臭氧层破坏;⑮地圈与地球化学;⑯土壤环境化学;⑰工业生态原理;⑱工业生态、资源和能源;⑲有害废物的性质、来源和环境化学;⑳工业生态中废物的最少化、利用和处理;㉑环境生物化学;㉒毒理化学;㉓化学物质的毒理化学;㉔水与废水的化学分析;㉕废物与固体的分析;㉖空气与气体的分析;㉗生物材料的分析。

国内较有影响的环境化学教科书有多种,它们以戴树桂主编的《环境化学》为代表,对"环境化学"学科的发展和教材建设做出了重要贡献。但环境化学涉及的内容十分广泛庞杂,各种教科书的侧重点有较大的不同。

四、环境化学研究的方法及发展趋势

(一)环境化学的研究方法

环境化学的研究方法常用主要有现场实地研究和实验室模拟研究两种。例如,研究环境污染的状况必须进行实地调查、监测和研究,而研究污染物的迁移转化规律则可以在实验室通过模拟实际环境情况进行研究。这两种研究方法常常是相辅相成的。现场实地研究需要实验室模拟研究的配合。而实验室模拟研究需要现场实地研究的证实。

自然环境通常处于变化不定的状态,各种因子时刻都发生变化,要在实地对化学物质进行一些规律性研究是困难的。而实验室研究往往难以进行多个影响参数、多种物质共同存在下的化学物质的环境行为、归宿和效应等研究,为此发展了实验模拟系统研究。实验模拟系统研究是指试图把自然环境的某个局部置于可以控制、调节和模拟的系统内,对化学物质在诸多因子影响下的环境行为进行研究。

这里再介绍一种计算机模拟研究方法。化学物质在环境中所发生的迁移、转化、归宿及生态效应等牵涉到该物质在环境中发生的各种物理过程、化学反应和生物化学过程,而这些过程与反应又受环境中诸多因素的影响,因而化学物质在环境中的变化是相当复杂的。上述研究方法不可能对所有因素加以考虑。在计算机技术飞速发展的今天,应用计算机对化学物质在局部环境或全球环境的迁移、转化进行模拟研究已成为环境化学研究的一个重要方法。总的来说,在环境化学的研究中,主要以化学方法为主,另外还要配以物理、生物、地学、气象学等其他学科的方法。因此,要求研究人员具有较广泛的各相关学科的理论知识和实验动手能力。

环境化学研究中涉及的技术主要有:样品采集技术、样品前处理技术、仪器分析技术、等温吸附实验技术、化学质量平衡方法、化学动力学实验技术、生物技术、工程技术和计算机辅助技术等。

(二)环境化学研究的发展趋势

环境化学是一门迅速发展的新兴学科,其前沿领域不断更新,日益变换。根据目前国际研究现状,环境化学将会出现多极发展。环境化学的发展趋势主要表现在以下几方面:①微观方面,即在微观方面将从分子水平上研究化学污染物的热力学参数和动力学过程,并借此揭示复合化学污染物作用的微观机制和生态毒理效应及对人体的影响。②宏观方面,即在宏观方面将从多介质、多界面环境的整体角度研究化学污染物在不同层次上大尺度的迁移和转化过程,并据此揭示和预测化学污染物在实地环境中的归趋和行为,为发展污染环境的原位修复提供技术依据和有效途径,并在国家对于相关环境问题的宏观决策中发挥作用。

环境化学研究的发展趋势突出地体现在以下几个方面。

(1)全球综合研究。如温室气体效应研究,将综合各国越来越多的研究成果,通过阐明全球碳循环和氮循环的变化来研究全球气候变化等问题。其他如臭氧层破坏、海洋污染等问题都需要大量的国际合作研究和全球综合研究。

(2)原位修复研究。如土壤重金属或有机物污染,通过生物技术或电化学氧化还原技术等,使土壤污染得以修复。其他如地表水氮磷污染的修复、地下水有机污染的修复等都是原位修复研究的重要课题。

（3）生态毒理研究。如内分泌干扰物对生物和人体健康的影响等。生态毒理研究越来越受到人们的重视，一方面因为与人体健康直接有关，另一方面也与生物技术的迅速发展有关。

（4）实用技术研究。如室内污染清洁技术研究。实用技术研究包括清洁生产关键技术研究、高效低成本的三废治理技术研究和废物资源化技术研究等。

（5）相关理论研究。如为什么苏丹红1号具有致癌作用，而其他偶氮染料又如何呢？与环境化学有关的理论研究应包括化学理论在实际环境中的修正研究、构效关系研究和数学模型研究等。

（三）有关杂志介绍

Nature（英国《自然》杂志）和 *Science*（美国《科学》杂志）是国际著名的周刊杂志，登载自然科学领域中最新的有重要意义的创新成果，其中有不少与环境科学有关的文章。

Environmental Science and Technology（美国《环境科学与技术》杂志）是国际上在环境科学与工程领域中的权威杂志，半月刊，影响因子较高。其他有代表性的相关国际杂志有 *Water Research*（《水研究》）、*Atmospheric Environment*（《大气环境》）、*Chemosphere*（《化学圈》）、*Journal of Chemical Ecology*（《化学生态杂志》）等。值得关注的还有 *Advances of Environmental Research*（《环境研究进展》）、*Journal of Cleaner Production*（《清洁生产杂志》）、*Global Environmental Change*（《全球环境变化》）等。由中国科学院生态环境研究中心主办的 *Journal of Environmental Sciences China*（《英文版环境科学学报》）和由中科院南京土壤研究所主办的 *Pedosphere*（《土壤圈》）在国际上也有一定影响。

国内重要的与环境化学相关的杂志有《环境科学学报》《中国环境科学》《环境科学》《农业环境科学学报》《环境化学》等。另外还有《中国环境监测》《环境科学研究》《环境科学与技术》《环境污染与防治》《环境工程》《环境保护》《化工环保》《应用与环境生物学报》《环境污染治理技术与设备》《水处理技术》《海洋环境科学》《环境科学动态》等。此外，要特别提一下《环境科学文摘》，这是一份双月刊杂志，主要栏目包括：环境科学一般问题、环境科学基础理论、社会与环境、环境保护管理、环境污染及其防治、废物处理与综合利用。该杂志反映国内外最新研究成果，提供摘要和出处，信息量大。

五、我国环境化学研究进展

(一)创新性研究成果辈出,研究队伍逐渐壮大

从"八五"开始,研究人员在湖泊富营养化、水污染治理、垃圾治理、水体颗粒物和难降解有机污染物环境化学行为和生态毒理效应、大气化学和光化学反应动力学、对流层臭氧化学、有毒化学品的环境风险性评价基础、有毒有害化学品多元复合体系的多介质环境行为、区域酸雨的形成和控制、天然有机物环境地球化学、有毒有机物结构效应关系、烟气脱硫脱硝一体化技术、排气中 CO_2 固定技术、纳米光催化技术、废弃物无害化和资源化原理与途径等方面的工作分别得到了国家自然科学基金、国家科技攻关、中国科学院重大重点等项目的支持,取得了一批具有创新性的研究成果,形成了一支从政府到地方各级行政管理与环境保护部门、科研单位、高等院校等多层次的管理人员与研究人员队伍。

(二)我国的环境化学注重结合我国的资源和环境实际开展研究

如国家自然科学基金重大项目"稀土农用的环境化学行为及生态毒理效应研究"就是针对我国具有丰富的稀土资源这一实际状况进行的,为稀土农用的安全性评价提供了基础数据,并对农用稀土在环境、生态和毒理等方面的危险性问题提出了看法;而"典型化学污染物在环境中的变化及生态效应"这个项目也是将我国常用的农药作为研究对象中的一种。因此可以说,现阶段的环境化学是中国特色的环境化学。

六、环境化学在全球变化研究中的地位与作用

全球变化的研究范围极其广泛,涉及自然科学、工程技术科学、人文社会科学等诸多学科。不同多学科在全球变化研究中所处的地位不同,各自发挥不同的作用,使全球变化研究不断向前推进。

(一)环境化学在全球变化研究中的地位

作为环境科学的一门分支学科,环境化学在全球变化研究中处于十分重要的位置,发挥着独特作用。

1.环境化学研究是全球变化研究的重要基础

在全球变化研究中,探索生物学过程、化学过程、物理过程以及人类活动过程及其相互作用是全球变化研究的本原,其他名目繁多的研究均衍生于此。

例如 ESSP 的全球环境变化与人类健康项目提出 6 个课题,第一个就是大气组成变化及其健康的影响(atmospherie composition changes and their health impacts)。再如 IGBP 的陆地生态系统—大气过程集成研究提出了 4 个研究课题,而排在第一位的是:相互作用的物理、化学和生物过程怎样通过陆地大气系统传输并转化能量、动量和物质。

环境化学的研究为此做出了杰出贡献,其研究的基础地位已经得到学界的公认。1970 年,德国科学家 Paul Crutzen 研究了氮氧化物与平流层臭氧的反应机制;1974 年,美国科学家 Mario Molina 与 Sherwood Rowland 研究了氨氟烃与平流层臭氧发生的化学过程。这些研究结果揭示了平流层臭氧损耗的原因,为全球控制消耗臭氧层物质的行动提供了科学基础,使世界各国于 1987 年签署了《关于消耗臭氧层物质的蒙特利尔议定书》,结束了氟利昂、哈龙等消耗平流层臭氧物质的生产与使用。该议定书被联合国秘书长誉为国际上迄今履行最为成功的环境保护协议,是基础研究为公共决策服务最为著名的例子。

2.重要的全球变量是环境化学长期监测的目标,可为全球变量提供基本化学信息

20 世纪 80 年代,美国国家航空和宇航管理局的地球系统科学委员会就指出,一些化学物质是全球变化研究中的重要变量,必须进行长期的监测,并制订了相应的监测计划。由此可获得、积累这些化学物质长期变化的基础数据,为认识全球变化的规律提供科学支撑。

3.环境化学研究是认识宏观现象与微观机制关联性的基础

全球变化是在行星尺度上的宏观现象,其诸如全球变暖、平流层臭氧减少等,非常容易引起决策者与公众的高度关注。欲使全球能够采取统一行动,减缓这些变化的负面影响,必须依赖分子水平的研究以揭示全球变化产生的微观机制。

2012 年,Frank Raes(欧洲委员会联合研究中心气候风险管理办公室主任)出版了 *Air & Climate Conversations About Molecules And Planets, Wih Humans In between* 一书,介绍了与他称之为"空气污染与气候变化科

学父亲级别"的 8 位科学家进行的对话,其中 3 位是将分子水平研究与宏观的全球变化现象相结合的杰出代表,他们是德国的 Paul Crutzen,美国的 Mario Molina 和 Veerabhadran Ramanathan。

　　Paul Crutzen、Mario Molina 从分子水平的研究揭示了平流层臭氧损耗的微观机制。为此,他们获得了 1995 年的 Nobel 化学奖。在该书中,Raes 再次用化学反应式展示了他们在探索平流层臭氧损耗微观机制的开创性、影响深远的工作:

$$O_3 + NO \longrightarrow NO_2 + O_2$$
$$O_3 + h\nu \longrightarrow O_2 + O$$
$$NO_2 + O \longrightarrow NO + O_2$$
$$\overline{2O_3 + h\nu \longrightarrow 3O_2}$$
$$O_3 + Cl \longrightarrow ClO + O_2$$
$$O_3 + h\nu \longrightarrow O_2 + O$$
$$O + ClO \longrightarrow O_2 + Cl$$
$$\overline{2O_3 + h\nu \longrightarrow 3O_2}$$

　　Veerabhadran Ramanathan 以氯氟烃(CFCs)的分子振动吸收与红外辐射为切入点,首次将化学与气候进行关联研究,量化计算了 CFCs 的温室效应潜能,发现大气中 1 kg CFCs 的温室效应是 1 kg CO_2 的 10 000 倍。该研究开创了"气候化学相互作用的新领域",论文 *Greenhous effct due to chorofluorocarbons:climaticeimplications* 于 1975 年在《科学》(*Science*)发表。从分子振动与转动能级变化的水平揭示了氯氟烃对温室效应的贡献。

　　4.环境化学研究是了解多种过程相互作用机制的重要环节

　　全球变化研究认为,相互作用的生物学、化学、物理以及社会经济四大过程对地球系统起调节作用。以往研究获得的初步知识认为,这些相互作用是通过能量的传输、化学物质的交换与转化进行的。例如,IPCC 第四次评估报告第七章(*Couplings Between Changesin the Climate System and Biogeochemistry*)用一小节的篇幅讨论了"reactive gases and the cli-mate system",给出了对流层化学过程、生物地球化学循环、人类活动与气候系统之间多重相互作用的示意图。由图可知,这些过程的相互作用都是通过化学物质的交换、转化及其能量转换完成的。但是,这些过程的耦合是复杂的,因为涉及数量多的物理、化学和生物学过程,而这些过程并没有都很好量化。

　　因此,化学过程是了解四大过程相互作用的重要环节,受到全球变化研究的高度重视。ESSP 的全球碳项目 Global Carbon Projeet(GCP)三个研究主题之一是"过程与相互作用:控制与反馈机制是什么人类活动与非人类活动决定碳循环的动态变化"。再如,国际地圈—生物圈计划的核心项目——国际全球大气化学(International Global Atmospherie Chemistry,IGAC)提出对大气圈中的光化学、云层化学、非均相化学等开展多种过程整合研究。

(二)环境化学研究在全球变化研究中的作用

全球变化的环境化学是环境科学的一个重要的分支学科,研究化学物质在自然环境中的来源、存在、化学特性、行为和效应及其控制的化学原理和方法。其特点是在原子、分子微观的水平上,研究和阐明化学物质引起的宏观环境现象和变化的化学原因、过程机制及其防治途径。

环境化学在全球变化研究所起的作用表现在以下几个方面:

(1)可为全球变化研究提供基本化学信息。

(2)可为全球变化研究提供相关的研究方法。

(3)可为地球系统科学管理的理论框架提供基础。

(4)可为决策者与公众不断提供科学知识。

(5)可为解决全球环境问题和可持续发展的决策提供科学依据。

第二章 大气环境化学

大气环境化学是环境化学的重要内容之一。在学习本章内容时,首先要了解大气的组成、结构,掌握大气污染的含义。在理解大气污染物迁移因素的基础上,了解大气污染的类型及其危害,理解影响大气污染的气象、地理等因素,理解大气污染物的转化,了解突出的大气环境问题。最后了解大气污染控制化学。

第一节 大气环境化学基础知识

一、大气环境化学的内容和特点

大气环境化学是研究对环境有重要影响的大气组分(污染物)在大气环境中的化学行为的科学。它是随着大气污染问题研究的深入而发展起来的,虽只有数十年的历史,但其发展却极为迅速,目前已经成为大气科学和环境科学交叉的一个重要的分支学科。

大气环境化学研究的内容与大气化学相似。只是研究的角度更侧重于环境,研究的对象更侧重于大气中对环境有影响的污染物质,即研究那些对大气环境有影响的污染物质的化学组成、理化性质、存在状态、来源、分布及其在迁移、转化、累积和消除等过程中的化学行为、反应机制和变化规律。

对大气环境影响较大的污染物质主要有 SO_2、NO_x、O_3、CO、CH_4,CFC 及颗粒物、自由基等,很大一部分来自人类的生产、生活活动。它们在大气中的化学变化对大气环境质量的优劣起着重要的作用。因此,了解和掌握这些物质在大气中的动态变化过程,研究其产生和消除的化学反应机制、存在状态和结构以及质和量的变化是大气环境化学的重要内容,它对于控制环境污染、改善大气环境质量具有重要的意义。

大气环境化学研究的范围主要涉及对人类有直接、间接影响的地球大气,即 50 km 高度以下的整个大气层,包括对流层和平流层大气。

大气环境化学与其他化学学科既有联系,又有区别,其主要特点如下。

(1)由于大气本身是一个氧化性的介质,故发生在大气中的化学过程往往是一个氧化的过程,即物质从低氧化态趋向于高氧化态。

(2)由于太阳辐射的作用,大气中的化学反应往往为光化学和热化学的综合过程,光化学反应在大气环境化学中占有重要的地位。

(3)由于大气始终处在物理、化学的非平衡状态中,所以主要考虑的是大气中化学反应过程的反应速率问题,而不是其化学平衡问题。

(4)由于大气中含有多种反应,各物种之间并非孤立,往往通过大气自由基等活性粒子的作用而密切联系在一起,故大气中的化学反应是十分复杂的。

(5)由于大气中的化学反应过程都是在一定气象条件下进行的,受各种气象因素的影响,因此,大气环境化学的研究必须与其他学科,如大气物理学等紧密结合。

二、地球大气层的形成

大气由覆盖于地球表面并随地球运动的一层薄薄的混合气体所组成。它是地球上自然界生命的保护毯,使生命脱离外太空的有害环境,大气提供植物光合作用所需的 CO_2 和呼吸作用所需的 O_2,提供固氮细菌和产氨植物所需的氮,这些均是制造生命分子的核心化合物。大气不仅是地球生物圈中生命所必需的,而且也参与地球表面上的各大循环,如水、养分等物质的循环等。

地球表面大气层的形成与地球的演化过程密切相关,大致经过三个过程。

(一)地球形成阶段

起初,地球是一个熔融的球体,外面包围着一层原始大气,其主要成分为 H_2、He 以及 N_2、H_2O(气)和 CO_2 等。以后地球逐渐冷却凝固,表面形成地壳,其内部的 H_2、H_2O(气)和 CO 等通过火山活动的形式逸出地球表面,其中 H_2O(气)大部分冷凝成水,形成水圈。CO 和 CO_2 则还原为 CH_2,N_2 也部分还原为 NH_3。此阶段大气的主要成分是 CH_4、H_2 以及部分 H_2O(气)、N_2、NH_3、Ar、H_2S 等,大气圈处于还原性气氛中。同时,由于水的光化学分解:

$$H_2O \xrightarrow{h\nu} H_2 + \frac{1}{2}O_2$$

使得大气中的 O_2 逐渐增长,地球内部开始了元素的原始地球化学分异过程和分壳过程,这一阶段大约持续了 15 亿年。

(二)大气圈由还原性气氛转为氧化性气氛

由于 H_2 的分压逐渐降低,还原性气体化合物,如 CH_4、NH_3 开始氧化成 CO_2、N_2。N_2 由于惰性大而开始聚积起来。

在这一阶段中,生命有机体开始在狭窄的水体或大海边缘出现,因为没有足够的 O_2,有机体便利用 CO_2 供给的能量,制造碳水化合物与蛋白质,光合作用开始,从而产生 O_2;但因为 O_2 继续为岩石或水中沉积物中的矿物元素所俘获,此阶段的 O_2 仍不能积聚,但大气圈已逐渐变成氧化性气氛了。

(三)现代大气圈的形成

此阶段即为地球生命的形成阶段,这与平流层中臭氧层的形成密切有关,由 O_2 的光化学反应形成的 O_3 能吸收高能量的太阳紫外辐射,自身又被分解成 O_2,O_2 再形成 O_3,如此循环往复,在平流层中便积累形成 O_3 层,即浓度相对较高的"臭氧层"。

O_3 层的形成,屏蔽了高能量的光子,使有机体有了更广阔的生存范围(陆地和水),光合作用也就大大加强,O_2 开始大量积聚,形成以 N_2、O_2 为主要成分的现代大气圈。

三、大气的范围及结构

根据大气在竖直方向上的温度、化学组成及物理特性,大气圈可分为若干层次。若按大气中化学组成的分布,大气圈可分为均质层(90 km 以下)和非均质层(90 km 以上);如按大气的电离状态分布,可将大气分为电离层(60 km 以上)和非电离层(60 km 以下)。

通常,根据温度的垂直分布而将大气圈分为对流层、平流层、中间层、热层和逸散层等五个层次。

(一)对流层

作为大气的最底层,对流层的厚度因纬度而异,在赤道附近对流层厚度约为 $16 \sim 18$ km,中纬度地区为 $10 \sim 12$ km,两极地区为 $8 \sim 10$ km。夏天稍厚,冬季较薄。

对流层内集中了整个大气质量的 75%,水汽的 90%,是天气变化最复杂的层次。

对流层中,气温随高度上升而递减,平均温度递减率为 0.65 ℃/100 m,由于上冷下暖,在垂直方向上,冷暖空气形成强烈的对流,故对流层因此而得名。

因受地表影响的不同,对流层又可分为两层。地面 1 km 内的大气,因受地表机械、热力作用强烈,通称为摩擦层(或边界层),该层是人类活动的场所,人类排放的大气污染物基本集中在此层;高于地表 1 km 以上,因受地表摩擦力作用较小,常称为自由大气层,主要天气过程和雨、雪、雹的形成均在此层。

在对流层的顶部有一个厚度为 1~2 km 的过渡层,称为对流层顶。该层温度基本不随高度变化而变化,极冷的温度如同一层屏障,对垂直气流有很大的阻挡作用,上升的水汽、尘埃等多积聚在其下面。水蒸气凝结成冰却无法到达能被剧烈的高能紫外辐射光解的高度,避免了光解产生的 H_2 逃离地球大气而损失掉(很多原始大气的 H_2 和 He 就是通过这一过程而逃逸的)。

(二)平流层

从对流层顶到约 50 km 的大气层即为平流层,在平流层下层,即 30~35 km 以下,温度随高度变化很小,气温趋于稳定,故又称为同温层;在 30~35 km 以上,温度随高度升高而迅速升高,到达平流层顶,气温可上升到 270~290 K,故该层也称为逆温层。

在平流层内,由于上热下冷,导致上部气体的密度比下部气体的密度小,空气垂直对流运动很小,只能随地球自转而产生平流运动,没有对流层中那种云、雨、风暴等天气现象,因此进入平流层中的污染物,会因此形成一薄层,使污染物遍布全球。同时,污染物在平流层中扩散速度较慢,停留时间较长,有的可达数十年。此外,由于平流层中大气透明度好,气流稳定,现代超高速飞机多在平流层底部飞行,既平稳又安全。然而飞机排放出来的废物可破坏臭氧层,因而成了人们关注的全球性问题。

(三)中间层

从平流层顶到约 80 km 的高度称为中间层,此层中温度又随高度的上升而减弱,在 80 km 左右可降到最低温度(170 K),空气更为稀薄。

(四)热层

从中间层顶至约 800 km 高度的大气层称为热层,该层中 O_2 对太阳远紫外线有强烈的吸收,因而使该层大气温度随高度上升而急剧升高,气温可高达 1 473 K 以上。此层空气非常稀薄,O_2、N_2 分子在太阳紫外线和宇宙射线的作用下发生电离而成为离子或原子,故此层又称为电离层。

(五)逸散层

热层以上的大气层,即称为逸散层,亦称为大气层的外层,该层是大气圈向星际空间的过渡地带。在那里空气极为稀薄,质点间距离很大。随着高度升高,地心引力减弱,导致距离地球表面越远,质点运动速度越快,以致一些空气质点不断向星际空间逃逸,故得名逃逸层。逃逸层的温度随高度升高略有增加。

大气密度随高度升高而减小,但无论在哪个高度,其密度也不为零,所以大气与星际空间无绝对的界限,但可以分析出一个相对的上界。相对上界的确定因着眼点不同而异,气象学家认为,只要发生在最大高度上的某种现象与地面气候有关,便可定义这个高度为大气上界。

四、大气的化学组成

地球大气的质量约为 5.14×10^5 t,占地球总质量的百万分之一左右。受地球引力的作用,大气质量在垂直方向上的分布极不均匀,50% 的质量集中在距地球表面 5 km 以下的空间,75% 集中在 10 km 以下的空间,95% 分布在 30 km 以下的空间范围内。随着距地球表面距离的增加,大气变得稀薄,其密度近似地呈对数降低。

天然大气是由干洁空气、水汽和颗粒物所组成的。干洁空气的组成及其体积含量如下。

两个主要成分:N_2,78.08%;O_2,20.95%。

两个少量成分:Ar,0.934%;CO_2,0.036%。

除 Ar 之外的四种惰性气体:Ne,1.818×10^{-3}%;He,5.24×10^{-4}%;Kr,1.14×10^{-4}%;Xe,$8.7 > 10^{-6}$%。

一些痕量气体的组成如表 2-1 所示。

由此可知,地球表面大气主要是由氧、氮和氩组成,它们占空气总质量的 99.9% 以上,其余气体加起来还不到 0.1%,且某些组分如 CO_2、O_3 浓度是有较大变化的,各种组分各有其不同的循环过程。

水在大气中的含量是一个可变化的数值,在不同的时间、不同的地点以及不同的气候条件下,水的含量也是不一样的,其数值一般在 1%~3% 范围内发生变化。大气中水汽含量垂直分布,总的规律是近地表层高于高空层,在 5 km 高度处水汽的含量仅为地表含量的 10% 左右。大气中固体和液体杂质的密度大约为 $10 \sim 100$ mg·m^{-3},固体杂质多集中在近地大气层中。

表 2-1 海平面附近干洁空气的组成

成分	体积分数/%	成分	体积分数/%	成分	体积分数/%
CH_4	1.6×10^{-4}	NH_3	6×10^{-7}	CH_3Cl	5×10^{-8}
H_2	5×10^{-5}	H_2O_2	$10^{-8} \sim 10^{-6}$	C_2H_4	2×10^{-8}
N_2O	2.8×10^{-5}	H_2CO_3	$10^{-8} \sim 10^{-7}$	CCl_4	1×10^{-8}
CO	1×10^{-5}	CS_2	$10^{-9} \sim 10^{-8}$	CCl_3F	1×10^{-8}
NO_2	2×10^{-6}	OCS	1×10^{-8}	CCl_2F_2	1×10^{-8}
HNO_3	$10^{-9} \sim 10^{-7}$	SO_2	2×10^{-8}	H_3CCCl_3	$\leqslant 1 \times 10^{-8}$

根据大气中各组分的停留时间,可将大气组分分成三类:

(1)准永久性气体(停留时间为 $10^6 \sim 10^7$ 年):N_2、Ar、Ne、Kr、Xe 等。

(2)可变组分(停留时间为 $2 \sim 15$ 年):CO_2、CH_4、H_2、N_2O、O_3、O_2 等。

(3)强可变组分(停留时间为 $2 \sim 200$ 天):CO、NO_x、NH_3、SO_2、H_2S、有机碳氢化合物、H_2O、颗粒物等。

第二节 大气中的光化学反应

光化学反应是原子、分子、自由基或离子吸收光子引起的化学变化。对流层大气中进行的化学反应往往是由穿过平流层的太阳辐射所产生的光化学反应为原动力的。大气光化学是大气化学反应的基础。

一、 光化学基本定律

(一)光化学第一定律

光化学第一定律又称 Grothus Drapper 定律(1817 年),即只有被体系内分子吸收的光,才能有效地引起该体系的分子发生光化学反应。这一定律虽然是定性的,但却是近代光化学的重要基础。例如,理论上只需 184.5 kJ·mol^{-1} 的能量就可以使 H_2O 分解,这个能量相当于波长为 420 nm 的光量子的能量。但是通常情况下 H_2O 并不被光解,因为 H_2O 不吸收波长为 420 nm 的光，H_2O 的最大吸收在波长为 5 000～8 000 nm 和波长大于 2 000 nm 两个频段，可见光和近紫外光都不能使 H_2O 分解。

按照光化学第一定律，当激发态分子的能量足够使分子内最弱的化学键断裂时，才能引起化学反应，即光化学反应中，旧键的断裂和新键的生成都与光量子的能量有关。

（二）朗伯-比耳（Lambert Beer）定律

若一束平行的纯单色光，其入射强度为 I_0，穿过一个厚度为 L，内装一定压力或浓度为 b 的气体的容器后，则它的透过光强度为 I，I 与 I_0 的关系为

$$I = I_0 e^{-abL} \text{ 或 } I = I_0 e^{-\varepsilon bL}$$

式中，a 为比例常数；ε 为吸收系数，其数值随气体的性质和单色光波长而定。

（三）光化学第二定律

1905 年，Einstein 提出了光化学第二定律：在光化学的初级过程中，被活化的分子数（或原子数）等于吸收的光量子数。光化学第二定律又称为 Einstein 光化学当量定律。此定律对激光化学不适用（即在强光，如激光照射下，一个分子可能吸收多个光子，不符合光化学第二定律）。

根据光能量关系，一个光量子的能量 E 为

$$E = h\nu = h\frac{c}{\lambda}$$

式中，h 为普朗克常数（6.626×10^{-34} J·s/光量子）；c 为光速（$2.998\ 0 \times 10^8$ m·s^{-1}）；λ 为波长，Å（1 Å $= 10^{-10}$ m）。

按照 Einstein 光化学当量定律，活化 1 mol 分子就需要吸收 1 mol 光量子，其总能量为

$$E = N_0 h\nu = N_0 h\frac{c}{\lambda}$$

式中，N_0 为阿伏加德罗常数，6.023×10^{23} mol。

根据 Einstein 公式，1 mol 分子吸收的总能量为

$$E = N_0 h\nu = N_0 h\frac{c}{\lambda} = \frac{1.96 \times 10^{-1} \text{ J·m}}{\lambda}$$

表 2-2 列出了不同波长的光的能量。若 λ 为 400 nm，则 E 为 299.1 kJ·mol^{-1}；若 λ 为 700 nm，则 E 为 170.9 kJ·mol^{-1}。由于一般的化学键的键能大于 167.4 kJ·mol^{-1}，所以波长 λ 大于 700 nm 的光量子不

能引起光化学反应(激光等特强光源例外)。

表 2-2 不同波长的光的能量

波长/nm	能量/(kJ·mol^{-1})	区域范围	波长/nm	能量/(kJ·mol^{-1})	区域范围
100	119 6	紫外光	700	170.9	可见光
200	598.2	紫外光	1 000	119.6	红外光
300	398.8	紫外光	2 000	59.8	红外光
400	299.1	可见光	5 000	23.9	红外光
500	239.3	可见光	10 000	11.9	红外光

二、光化学反应的初级过程和次级过程

原子、分子、自由基或离子吸收光子引起的化学反应称为光化学反应。物质吸收光量子后可以发生光化学反应的初级过程和次级过程。

初级过程是指化学物种(分子、原子等)吸收光量子形成激发态,其基本步骤为

$$A + h\nu \longrightarrow A^* \tag{2-1}$$

式中,A^* 为物质 A 的激发态。随后,激发态 A^* 可能发生如下的变化:

辐射跃迁:

$$A^* \longrightarrow A + h\nu \tag{2-2}$$

碰撞去活化:

$$A^* + M \longrightarrow A + M \tag{2-3}$$

光离解:

$$A^* \longrightarrow B_1 + B_2 + \cdots \tag{2-4}$$

与其他分子反应:

$$A^* + C \longrightarrow D_1 + D_2 + \cdots \tag{2-5}$$

其中,式(2-2)、式(2-3)为光物理过程,式(2-4)、式(2-5)为光化学过程。就环境化学而言,光化学过程对于描述大气污染物在光作用下的转化规律具有更为重要的意义。

初级过程中的反应物、生成物之间进一步发生的反应称为次级过程,次级过程往往是热反应。例如,大气中氯化氢的光化学反应过程为

初级过程: $HCl + h\nu \longrightarrow H\cdot + Cl\cdot$

次级过程: $H\cdot + HCl \longrightarrow H_2 + Cl\cdot$

次级过程：$\qquad$ $Cl\cdot + Cl\cdot \xrightarrow{M} Cl_2$

HCl 分子在光作用下，发生化学键的断裂，裂解时，成键的一对电子平均分给氯和氢两个原子，使氯和氢各带有一个成单电子，这种带有成单电子的原子称为自由基，由相应的原子加上单电子"·"表示。自由基是电中性的，自由基因有成单电子而非常活泼，能迅速夺去其他分子中的成键电子而游离出新的自由基，或与其他自由基结合而形成较稳定的分子。

三、大气中重要的光化学反应

由于高层大气中的氧和臭氧有效地吸收了绝大部分 $\lambda < 290$ nm 的紫外辐射，因此，实际上已经没有 $\lambda < 290$ nm 的太阳辐射到达对流层。从大气环境化学的观点出发，研究对象应是可以吸收波长 λ 为 $300 \sim 700$ nm 辐射光的物质。迄今为止，已经知道的较重要的吸收光辐射后可以光解的污染物有 NO_2、O_3、HONO、H_2O_2、$RONO_2$、RONO、RCHO、$RCOR'$ 等。

(一)氧分子的光解离

氧分子的键能为 493.8 kJ·mol^{-1}。氧分子一般可以在波长为 240 nm 以下的紫外光照射下发生光解离：

$$O_2 + h\nu \longrightarrow O\cdot + O\cdot$$

(二)臭氧的光离解

臭氧的键能为 101.2 kJ·mol^{-1}。在低于 $1\,000$ km 的大气中，由于气体分子密度比高空大得多，三个粒子的碰撞概率较大，O_2 光解产生的 $O\cdot$ 可与 O_2 发生反应：

$$O\cdot + O_2 + M \longrightarrow O_3 + M$$

反应中，M 是第三种物质。这个反应是平流层中 $O\cdot$ 的主要来源，也是消除 $O\cdot$ 的主要过程。它不仅吸收了来自太阳的紫外线，保护了地面生物，同时也是上层大气能量的一个储存仓库。

O_3 的离解能比较低，吸收 240 nm 以下的紫外光后会发生离解反应：

$$O_3 + h\nu \longrightarrow O\cdot + O_2$$

当波长大于 290 m 时，O_3 对光的吸收就相当弱，O_3 可以吸收来自太阳的较短波长的紫外光，较长波长的紫外光则有可能透过臭氧层进入大气的对流层乃至到达地面。

（三）二氧化氮的光离解

NO_2 的键能为 300.5 kJ·mol^{-1}。在大气中,二氧化氮可以参加许多光化学反应,是城市大气中重要的吸光物质。在低层大气中可以吸收太阳的紫外光和部分可见光。

二氧化氮分子吸收小于 420 nm 波长以下的光可以发生光解离,其初级过程为

$$NO_2 + h\nu \longrightarrow O\cdot + NO$$

次级过程为

$$O\cdot + O_2 + M \longrightarrow O_3 + M$$

（四）亚硝酸和硝酸的光离解

亚硝酸 HO—NO 间的键能为 201.1 kJ·mol^{-1},H—ONO 间的键能为 324.0 kJ·mol^{-1}。亚硝酸对 200～400 nm 波长的光有吸收,吸收后可以发生光解离,其初级过程为

$$HNO_2 + h\nu \longrightarrow HO\cdot + NO$$

或

$$HNO_2 + h\nu \longrightarrow H\cdot + NO_2$$

次级过程为

$$HO\cdot + NO \longrightarrow HNO_2$$
$$HNO_2 + HO\cdot \longrightarrow H_2O + NO_2$$
$$NO_2 + HO\cdot \longrightarrow HNO_3$$

由于亚硝酸可以吸收波长 290 nm 以上的光而离解,因而,亚硝酸的光离解可能是大气中 HO·自由基的重要来源之一。

硝酸 HO—NO$_2$ 间的键能为 199.4 kJ·mol^{-1},硝酸吸收 120～335 nm 波长的光后发生光解离的过程为

$$HNO_3 + h\nu \longrightarrow HO\cdot + NO_2$$

第三节　大气中的污染源与污染物

大气污染是指由于人类活动和自然过程引起某些物质进入大气中,经过一定时间的积累达到一定浓度,并因此而危害了人体的舒适、健康,或危害了环境。

一、大气中的污染源

大气污染物的来源可分为天然源和人为源。前者是指在自然环境中，由于火山爆发、森林草原火灾、森林排放、海浪飞沫及自然尘等向大气排放出的各种物质；后者是指因人类活动（包括生产活动和生活活动）而不断地向自然界排放的物质。当这些物质的含量和存在时间达到一定程度，导致对人体、动植物和构件物品等产生直接或间接不良影响和危害时，就构成了大气污染。

天然源所排放的污染物种类少、浓度低，但在全球尺度上天然源的排放不可忽视，在某些情况下其影响比人为源更严重。人为源主要来自燃料燃烧、工业排放、农业排放等。煤是主要的工业和民用燃料，燃烧时产生大量 CO、CO_2、SO_2、NO、HC、重金属等有害物质。以内燃机为主的各种交通运输工具也是重要的大气污染源，排放废气中含有 CO、NO、HC、SO_2、颗粒物、含氧有机物、含铅化合物等，汽车尾气排放是城市大气污染的主要来源。工业生产过程中排放到大气中的污染物与其行业性质有关，例如，有色金属冶炼主要排放 SO_2、NO、颗粒物及重金属；石油工业则主要排放 H_2S 及各种碳氢化合物等；农业排放主要源于大量农药及化肥的使用，它们不仅能在喷洒过程中以气溶胶的形式散逸，还会经过生物化学反应产生其他污染物释放到大气中。除此之外，固体废弃物和农作物秸秆的焚烧等也会产生大量的污染物。

二、大气污染物

根据污染物的形成过程可将其分为一次污染物和二次污染物。一次污染物是直接来自污染源的污染物，如 CO、NO、SO_2 等；二次污染物是指由一次污染物经化学反应或光化学反应形成的污染物质，如 O_3、硫酸盐颗粒物等。下面分别介绍大气环境中的重要污染物。

（一）含硫化合物

大气中含硫化合物主要包括 SO_2、H_2S、SO_3、H_2SO_4、亚硫酸盐（MSO_3）、硫酸盐（MSO_4）、二甲基硫［$(CH_3)_2S$］、氧硫化碳（COS）、二硫化碳（CS_2）等，其中最主要的是 SO_2、H_2S。

1.SO_2

SO_2 是无色、有刺激性气味的气体。大气中的 SO_2 对人体的呼吸道危害很大,它能刺激呼吸道并增加呼吸阻力,造成呼吸困难。虽然 SO_2 体积分数达到 5×10^{-6} 就会致人死亡,但动物实验表明体积分数为 5×10^{-6} 的 SO_2 不会对动物造成损害。此外,SO_2 对植物也有危害,高含量的 SO_2 会损伤叶组织(叶坏死),严重损伤叶边缘和叶脉之间的叶面,且损伤程度随湿度增加而增大。植物长期与 SO_2 接触会造成缺绿病或黄萎。

空气中的含硫粒子大多是从热电厂和工业锅炉燃烧矿物燃料所产生的 SO_2 及其转化成的二次污染物。其他的工业活动,如石油加工、金属冶炼、木材造纸等,也会产生大量的含硫化合物。

2.H_2S

大气中 H_2S 主要来自天然源,如动植物机体的腐烂、火山活动等。大气中 H_2S 的人为排放量不大,全球工业排放的 H_2S 仅为 SO_2 排放量的 2% 左右。至今尚不完全清楚 H_2S 的总排放量。

H_2S 在大气中很容易被氧化,其主要的去除反应为

$$HO \cdot + H_2S \longrightarrow H_2O + \cdot SH$$

大气中的含硫化合物主要通过干、湿沉降、土壤和植物的扩散吸收等途径被去除,有研究结果表明湿沉降对大气中 MSO_4 的去除率可达 90%。硫循环中最大的不确定性来自非人为源的硫,主要是火山喷发产生的 SO_2 和 H_2S,以及有机质生物腐烂和硫酸盐还原过程中产生的 $(CH_3)_2S$ 和 H_2S。目前认为大气中硫释放的最大单一天然源是源自海洋生物的 $(CH)_2S$。

(二)含氮化合物

大气中主要含氮化合物为 N_2O、NO、NO_2、N_2O_5、NH_3、硝酸盐、亚硝酸盐和铵盐等。

1.N_2O

N_2O 俗称"笑气",是无色气体,医疗上可用作麻醉剂。N_2O 主要来自天然源,由土壤中的硝酸盐经细菌的脱氮作用产生,即

$$2NO_3^- + 4H_2 + 2H^+ \xrightarrow{\text{细菌}} N_2O + 5H_2O$$

其人为源主要为氮肥施用、化石燃料燃烧及工业排放等。N_2O 的反应活性较差,在低层大气中一般难以被氧化,停留时间可达 150 年。同时,由其能够吸收地面辐射,是目前已知的温室气体之一。此外,N_2O 难溶于水,可通过气流交换进入平流层,发生光化学反应,其反应有

$$N_2O + h\nu \xrightarrow{\lambda \leqslant 315 \text{ nm}} N_2 + O$$

$$N_2O+O \longrightarrow N_2+O_2$$
$$N_2O+O \longrightarrow 2NO$$

上述反应是 N_2O 的催化循环反应,它导致 O_3 的不断损耗,而 N_2O 犹如催化剂的作用,其本身不被破坏。

2.NO_x

无色无味的 NO 和有刺激性的红棕色 NO_2 均是大气中的重要污染物,通常用 NO_x 表示。它们可通过闪电、微生物固定及 NH_3 的氧化等各种天然源和污染源进入大气。大气中的氮在高温下能氧化成 NO,进而转化为 NO_2,其反应如下:

$$N_2+O_2 \xrightarrow{\text{高温}} 2NO$$
$$2NO+O_2 \longrightarrow 2NO_2$$

火山爆发和森林大火等都会产生 NO_x,人为污染源是各种燃料在高温下的燃烧以及硝酸、氮肥、炸药和染料等生产过程中所产生的含 NO_x 废气造成的,其中以燃料燃烧排出的废气造成的污染最为严重。

3.NH_3

大气中氨(NH_3)的天然源主要来自动物废弃物的分解、土壤腐殖质及土壤中氮的转化。人为源则主要来自氨基氮肥的损失及工业排放,燃煤也是 NH_3 的重要人为来源。对流层中氨的汇聚主要是形成气溶胶铵盐;此外,NH_3 也可被氧化成硝酸盐。铵盐和硝酸盐均可经湿沉降和干沉降而去除。

(三)含碳化合物

大气中含碳化合物主要包括 CO、CO_2、HC 及含氧烃类等。

1.CO

CO 是无色无味的气体,但是具有生物毒性,它与血红素中 Fe 部位的键合能力高于 O_2 的 32 倍。在封闭的重交通区域(如隧道、停车库),CO 浓度可达 100 ppm,导致头痛和呼吸困难;当 CO 浓度高于 750 ppm 即可很快导致休克和死亡。作为大气污染物,CO 的主要危害在于能参与光化学烟雾的形成以及转化成 CO_2,造成全球性气候变化。

CO 的天然源主要来自 CH_4 的氧化、海水中 CO 的挥发、植物中叶绿素的分解、植物排放的萜烯类物质的转化、森林火灾等。

CO 的人为源是由含碳燃料的不完全燃烧产生,或者是在内燃机的高温、高压的燃烧条件下产生。估计 80% 的人为源来自汽车,大气中 CO 的水平与车辆交通的密度呈正相关,与风速呈负相关。城市地区 CO 的空气浓度远高于非城市地区,尤其是在上下班的高峰时刻,CO 含量出现最大值,可达 50～10 ppm,而在远离市区的地方,CO 的平均含量约为几 ppm,有的地方仅为 0.09 ppm。

2.CO_2

CO_2 是大气的正常组成成分,对人体无显著危害,但是其浓度升高会加剧温室效应,导致全球气候变暖,因而引起人们的广泛关注。

CO_2 的人为源主要是来自矿物燃料的燃烧过程。此外,动物和人类的呼吸、植物体废弃物作为燃料燃烧或腐败而自然氧化时均会产生 CO_2;海水中 CO_2 比大气高 60 余倍,因此大气圈和水圈之间存在强烈的交换作用(即海洋脱气);大气中的 CH_4 在平流层与 HO· 反应,最终也会被氧化为 CO_2。

3.HC

HC 是大气中重要的污染物,包含烷烃、烯烃、炔烃、脂肪烃和芳香烃等。其中碳原子为 1～10 的可挥发性有机物(VOCs)是大气中普遍存在的一类有机污染物,具有相对分子质量小、饱和蒸气压较高(>133.32 Pa)、沸点低(50～250 ℃)、亨利常数较大、辛烷值较小等特征。VOCs 本身的毒性不明显,但可参与大气中的自由基反应,生成二次污染物,如参与大气光化学烟雾的形成等。汽车尾气排放是城市大气中 VOCs 的主要来源。

(1)CH_4。

CH_4 是大气中丰度最高的 HC,占总 HC 的 80% 左右。大气中的 CH_4 既可由天然源产生,也可由人为源排放。除了燃烧过程和原油及天然气的泄漏外,实际上,产生 CH_4 的机制都是厌氧细菌的发酵过程。在沼泽、泥塘、湿冻土带、水稻田底部、牲畜反刍和白蚁的墓冢等环境中的厌氧释放,其中牲畜反刍、水稻田是很大的排放源。在大气中,CH_4 主要是通过与 HO· 自由基反应而被去除。由于 HO· 自由基一般在夏季增加,冬季减少,因此大气中的 CH_4 浓度也有较为明显的季节变化。

(2)非甲烷烃。

非甲烷烃的种类很多,因来源而异,如植物排放的非甲烷有机物达 367 种。极大一部分非甲烷烃来自天然源,其中排放量最大的是植物释放的萜烯类化合物,如 α-蒎烯、β-蒎烯、香叶烯、异戊二烯等,年排放量约 1.7×10^8 t,

占非甲烷烃总量的 65%。最主要的天然排放物是异戊(间)二烯(isoprene)和单萜烯(monoterpene)，它们会在大气中发生化学作用而形成光化学氧化剂或气溶胶粒子。多数萜分子中含有两个以上不饱和双键，因此这类化合物在大气中活性较高，它们与 HO· 反应很快，也易于与大气中的其他氧化剂，特别是 O_3 发生反应。如 α-蒎烯和异戊二烯在大气中发生类似于上述反应而形成颗粒状物质，在浓郁的植被上空会形成蓝色烟雾。

大气中的非甲烷烃可通过化学反应转化成有机溶剂而去除，其最主要的大气化学反应是与 HO· 自由基的反应。

(3)PAHs。

含多个苯环的稠环化合物，是大气环境中广泛存在的一类持久性有机污染物，它主要来自生物质燃料的不完全燃烧过程。经干、湿沉降过程，大气中的 PAHs 可进入水体、土壤和生物圈。大气中 PAHs 以气态和颗粒态两种形态存在，其形态分布受自身的理化性质和环境的影响，其中 2~3 环小分子主要以气态形式存在，4 环 PAHs 在气态和颗粒态中分布大体相当，5~7 环大分子 PAHs 主要以颗粒态形式存在。大气中 PAHs 的存在形态、丰度、源解析及健康风险是人们关注的热点问题之一。

(四)含卤素化合物

大气中的含卤素化合物主要是指有机的卤代烃和无机的氯化物和氟化物等。这些化合物在平流层紫外线的作用下会释放出氯原子和氟原子，引起臭氧的分解，从而威胁能够防御地球上生物免遭紫外线袭击的臭氧层，因而引起人们的关注。

氟氯烃类(CFCs)在大气层中不是自然存在的，而是完全由人为产生的，如冰箱制冷剂、喷雾器中的推进剂、溶剂和塑料起泡剂等，简单的卤代烃为 CH_4 的衍生物，如 CH_3Cl、CH_3Br 和 CH_3I，它们来自天然源，主要来自海洋。

CFCs 在对流层大气中性质非常稳定，它们能透过波长大于 290 nm 的辐射，故在对流层不发生光解反应；与 HO· 的反应为强吸热反应，故难以被对流层的 HO· 氧化；难溶于水，难以通过降水方式去除。CFCs 在对流层中停留时间很长，如 CFC-11(CCl_2F_2)为 47~58 年，CFC-12(CCl_3F)为 95~100 年。由人类活动排放的 CFCs 最终只能扩散到平流层，并在平流层发生光分解，进一步损耗臭氧，从而引起全球性的环境问题。

此外，CFCs 化合物也是温室气体，尤其是 CFC-11 和 CFC-12，吸收红外线的能力很强，甚至超过了 CO_2，它们的吸收与大气中的 CFCs 浓度呈线性相关。因此，CFCs 化合物是具有破坏臭氧层和影响对流层的双重效应的物质。但也有研究表明,大气中 CO_2、N_2O、CH_4 等痕量气体浓度增加,均能减轻对臭氧层的破坏程度,可以抵消一部分由 CFCs 引起的平流层臭氧损耗。臭氧损耗与温室效应存在着较复杂的关系。

除此之外,含卤素化合物还包括持久性有机污染物(POPs)中的含卤素物质,如艾氏剂、狄氏剂、DDT、七氯、二噁英等。大气中 POPs 以气态和颗粒态存在,一定条件下会发生光解,也可通过干、湿沉降去除,最重要的是大气中 POPs 可通过大气环流进行远距离迁移,从而导致污染物在全球范围内分布。

第四节 大气污染物的化学转化

一、氮氧化物的化学转化

(一)NO_2 的化学反应

NO_2 在大气环境中最重要的反应是前已述及的 NO_2 的光解反应,它是大气中 O_3 生成的引发反应,是 O_3 唯一的人为来源。此外,NO_2 还能与各类自由基及 O_3 和 NO_3 等反应,其中比较重要的是与 HO· 以及与 NO_3 和 O_3 的反应。

1.NO_2 与 HO· 自由基的反应

$$NO_2 + HO \cdot \xrightarrow{M} HNO_3$$

反应速率常数 $k = 1.1 \times 10^{-11}$ $cm^3 \cdot$(分子·s)$^{-1}$。

此反应是大气中气态 HNO_3 的主要来源,对于形成酸雨和酸雾有重要作用,这反应主要发生在白天(因白天 HO· 浓度高)。

2.NO_2 与 O_3 的反应

$$NO_2 + O_3 \longrightarrow NO_3 + O_2$$

或

$$NO_2 + O_3 \longrightarrow NO + 2O_2$$

前者的反应速率常数 $k = 3.2 \times 10^{-17}$ $cm^3 \cdot$(分子·s)$^{-1}$

此反应是大气中 NO_3 的主要来源,因反应不需有光,故在夜间也可发生。

3. NO_2 与 NO_3 的反应

此反应是可逆反应：

$$NO_2 + NO_3 \xrightleftharpoons{M} N_2O_5$$

反应速率常数 $k = 3.213 \times 10^{-12}$ $cm^3 \cdot$（分子 $\cdot$ s）$^{-1}$。生成的 N_2O_5 又可解离为 NO_3 和 NO_2。

（二）NO 的化学反应

1. NO 向 NO_2 的转化

虽然对流层中 NO_2 很容易发生光解，但发现其在大气中的相对浓度并非因此而降低，实际上大气中存在着 NO 向 NO_2 的快速转化，从而使其浓度得到补偿，过去一般认为：

$$2NO + O_2 \longrightarrow 2NO_2$$

但实际上，此反应只有在 NO 浓度相对较高的情况下（如汽车排气口）才可能发生，而在通常大气环境中是不易发生的。有人发现在相对清洁的空气中，NO 的平均寿命是 4 d，而在污染的城市大气中，NO 的平均寿命只有几小时，这表明是某种大气污染物把 NO 氧化成 NO_2 的，究竟是什么呢？

Heicklen Weinstock 在 1970 年经大量的研究证明了自由基 $HO_2 \cdot$ 在 NO 的快速氧化中起了主要的作用。

$$NO + HO_2 \cdot \xrightarrow{M} NO_2 + HO \cdot \qquad k = 8.3 \times 10^{-12} \ cm^3 \cdot （分子 \cdot s）^{-1}$$

而 $HO_2 \cdot$ 的来源主要是 $HO \cdot$ 与 CO 的反应。

$$HO \cdot + CO \longrightarrow CO_2 + H \cdot$$
$$H \cdot + O_2 + M \longrightarrow HO_2 \cdot + M$$

这是一个连锁反应，消耗一个 $HO \cdot$ 又产生了一个 $HO_2 \cdot$，因此只要大气中有 $HO \cdot$ 及 CO 的存在，就可以使 NO 不断地转化成 NO_2。

此外，RO_2、$RC\overset{\overset{O}{\|}}{—}O_2 \cdot$ 等自由基对 NO 的快速氧化也起了重要的作用，如

$$RO_2 \cdot + NO \longrightarrow RO \cdot + NO_2$$

或

$$RO_2 \cdot + NO \longrightarrow RONO_2 \qquad k = 7.6 \times 10^{-12} \ cm^3 \cdot （分子 \cdot s）^{-1}$$

2.NO 与 O_3 的反应

$$NO + O_3 \longrightarrow NO_2 + O_2 \quad k = 1.8 \times 10^{-14} \text{ cm}^3 \cdot (\text{分子} \cdot \text{s})^{-1}$$

此反应控制了污染地区 O_3 浓度的增高。

3.NO 与 HO· 和 RO· 的反应

$$NO + HO \cdot \longrightarrow HONO \quad k = 6.8 \times 10^{-12} \text{ cm}^3 \cdot (\text{分子} \cdot \text{s})^{-1}$$
$$NO + RO \cdot \longrightarrow RONO \quad k = 3 \times 10^{-11} \text{ cm}^3 \cdot (\text{分子} \cdot \text{s})^{-1}$$

4.NO 与 NO_3 的反应

$$NO + NO_3 \longrightarrow 2NO_2 \quad k = 3 \times 10^{-11} \text{ cm}^3 \cdot (\text{分子} \cdot \text{s})^{-1}$$

由于此反应很快,故只有当 NO 浓度很低时,大气中 NO_3 才有可能显著积累。

(三)亚硝酸、硝酸的化学反应

1.亚硝酸(HNO_2)的化学反应

HNO_2 的光解是大气中最主要的反应之一,也是大气中 HO· 的主要来源。此外,HNO_2 还能与 HO· 反应。

$$HNO_2 + HO \cdot \longrightarrow H_2O_2 + NO \quad k = 6.6 \times 10^{-12} \text{ cm}^3 \cdot (\text{分子} \cdot \text{s})^{-1}$$

HNO_2 在大气中的形成机理尚未十分清楚,主要有下述几种看法。

(1)HO· 与 NO 的作用。

$$HO \cdot + NO \longrightarrow HNO_2$$

(2)表面催化反应。

$$NO + NO_2 + H_2O \Longleftrightarrow 2HNO_2$$
$$2NO_2 + H_2O \Longleftrightarrow HNO_2 + HNO_3$$

当湿度较高,并有催化表面(如容器壁、墙壁等)存在时,这两个反应能较快进行,加之室内取暖及炊事活动等,NO_2 较易积累,因此 HNO_2 可以成为室内二次污染物。

2.硝酸(HNO_3)的化学反应

HNO_3 的光解反应速率很慢,但却很容易在大气中沉降,所以其在大气中的寿命较短。HNO_3 溶解度很高,水吸收过程极快,是形成酸雨的重要原因。

HNO_3 的主要化学反应有

$$HNO_3 + HO \cdot \longrightarrow H_2O + NO_3 \quad k = 1.4 \times 10^{-13} \text{ cm}^3 \cdot (\text{分子} \cdot \text{s})^{-1}$$
$$HNO_3 + NH_3 \Longleftrightarrow NH_4NH_3(颗粒)$$

NH_4NO_3 易于吸湿潮解，在相对湿度较大时（RH＞62％）常以液态存在。

（四）过氧乙酰硝酸酯（PAN）

PAN 一般由乙醛氧化产生乙酰基，然后再与 O_2 和 NO_2 作用形成。此外，乙烷的大气氧化也是 PAN 的一个重要来源。

$$C_2H_6 + HO \cdot \xrightarrow{M} \cdot C_2H_5 + H_2O$$
$$\cdot C_2H_5 + O_2 \longrightarrow C_2H_5O_2 \cdot$$
$$C_2H_5O_2 \cdot + NO \longrightarrow C_2H_5O \cdot + NO_2$$
$$C_2H_5O \cdot + O_2 \longrightarrow CH_3CHO + HO_2 \cdot$$
$$CH_3CHO + HO \cdot \longrightarrow CH_3CO \cdot + H_2O$$

$$CH_3CO \cdot + O_2 \longrightarrow CH_3\overset{\overset{\displaystyle O}{\|}}{C}OO \cdot$$

$$CH_3\overset{\overset{\displaystyle O}{\|}}{C}OO \cdot + NO_2 \longrightarrow CH_3\overset{\overset{\displaystyle O}{\|}}{C}OONO_2 \quad (PAN)$$

PAN 具有热不稳定性，温度低时 PAN 寿命较长，并可随气流输送转移，遇热会分解回到自由基和 NO_2。

$$CH_3\overset{\overset{\displaystyle O}{\|}}{C}OONO_2 \Longleftrightarrow CH_3\overset{\overset{\displaystyle O}{\|}}{C}OO \cdot + NO_2$$
$$k = 3.3 \times 10^{-4} \text{ cm}^3 \cdot (\text{分子} \cdot \text{s})^{-1}(25 \text{ ℃})$$

分解出来的过氧乙酰自由基可以与 NO 反应，使其不能再回到 PAN。

$$CH_3\overset{\overset{\displaystyle O}{\|}}{C}OO \cdot + NO \Longleftrightarrow CH_3\overset{\overset{\displaystyle O}{\|}}{C}O \cdot + NO_2$$

二、碳氢化合物的化学转化

碳氢化合物可被大气中的原子 O、O_3、HO · 及 HO_2 · 等氧化，尤其是被 HO · 氧化，产生危害严重的二次污染物，并积极参与光化学烟雾的形成。

（一）烷烃（RH）的氧化

烷烃主要与 HO · 和原子 O 反应。

$$RH + HO \cdot \longrightarrow R \cdot + H_2O$$

$$RH + O \longrightarrow R \cdot + HO \cdot$$

RH 与 HO· 的反应速率要比与 O 的反应速率大得多,而且其反应速率随 RH 分子中碳原子数目增加而增大。烷烃与 O_3 的反应较缓慢,不太重要。

(二)烯烃的氧化

烯烃的反应活性比烷烃大,故易与 HO·、O、O_3 及 HO_2· 等反应。如丙烯与 HO·、O、O_3 的反应为

$$CH_3CH=CH_2 + HO \cdot \longrightarrow CH_3\overset{OH}{\overset{|}{CH}}CH_2 \quad 或 \quad CH_3\overset{OH}{\overset{|}{CH}}\overset{\cdot}{CH}_2$$

$$CH_3CH=CH_2 + O \longrightarrow CH_3CH—CH_2 \longrightarrow CH_3CH_2CHO \ 或 \ CH_3\overset{\cdot}{CH}_2 + \overset{\cdot}{H}CO$$

$$CH_3CH=CH_2 + O_3 \longrightarrow CH_3CH—CH_2 \longrightarrow \begin{cases} CH_3CHO + H_2\overset{\cdot}{C}OO \cdot \\ HCHO + CH_3\overset{\cdot}{C}HOO \cdot \end{cases}$$

$H_2\overset{\cdot}{C}OO \cdot$ 和 $CH_3\overset{\cdot}{C}HOO \cdot$ 称为二元自由基。

(三)芳烃的氧化

芳烃主要被 HO· 氧化,反应方式主要有两种形式,即加成反应和摘氢反应。

目前,一般认为在对流层大气温度下,主要是以加成反应为主,且加成主要发生在邻位,而摘氢反应仅占 $15\% \sim 20\%$。也有人提出芳香烃的氧化很可能存在苯环打开的反应。因此,芳香烃的氧化是很复杂的,但可以肯定

的是,只有 HO· 才能去除大气中的芳香烃。

不同碳氢化合物的氧化会产生各种各样的自由基,这些自由基能促进 NO 向 NO_2 的转化,并传递各种反应而形成光化学烟雾中的重要二次污染物,如臭氧、醛类、PAN 等。

三、硫氧化物的化学转化

大气中硫氧化物(SO_x)包括 SO_2、SO_3、H_2SO_4、SO_4^{2-},其中 SO_2 为一次污染物,其余均是由 SO_2 氧化转化形成的二次污染物。

(一)SO_2 的光化学氧化

SO_2 在波长 210 nm、294 nm 及 388 nm 处有三个吸收带,其中在 210 nm 处有强吸收,可使 SO_2 发生光解(硫氧键键能为 565 kJ·mol^{-1}),所以在对流层大气中,SO_2 的光化学反应只是形成激发态的 SO_2 分子。

SO_2 在 290~320 nm 处有较强吸收,形成单重激发态分子($^1SO_2$)。

$$SO_2 + h\nu \longrightarrow {}^1SO_2$$

在 340~400 nm 处为弱吸收,形成三重激发态分子($^3SO_2$)。

$$SO_2 + h\nu \longrightarrow {}^3SO_2$$

能量较高的单重激发态($^1SO_2$)可变回到基态或能量较低的三重激发态($^3SO_2$)。

$$^1SO_2 + M \longrightarrow SO_2 + M$$

或

$$^1SO_2 + M \longrightarrow {}^3SO_2 + M$$

SO_2 直接吸收光激发为 $^3SO_2$ 的量极微,因此 $^1SO_2$ 的衰变为大气中的 $^3SO_2$ 提供了一个重要的生成途径。

(二)SO_2 的均相气相氧化

SO_2 的均相气相氧化是指 SO_2 被大气中 HO_2·、RO_2· 和 HO· 等自由基的氧化过程。

在大气污染研究中,人们发现有 NO_x 和 HC 存在的污染大气中,SO_2 的氧化速率可大大提高。在光化学烟雾形成的情况下,测得 SO_2 的氧化速率约为每小时(5%~10%)[SO_2],这表明自由基等活性物种对 SO_2 的氧化起了重要的作用,主要反应有

$$SO_2 + O \xrightarrow{M} SO_3$$

$$SO_2 + HO \cdot \xrightarrow{M} HO \cdot SO_2 \quad k = 1.1 \times 10^{-12}\ cm^3 \cdot (分子 \cdot s)^{-1}$$

$$SO_2+HO_2 \cdot \longrightarrow SO_3+HO \cdot \quad k=9\times10^{-16} \text{ cm}^3 \cdot (\text{分子} \cdot \text{s})^{-1}$$
$$SO_2+HO_2 \cdot \longrightarrow HO_2 \cdot SO_2$$
$$SO_2+RO_2 \cdot \longrightarrow SO_3+RO \cdot \quad k=9\times10^{-16} \text{ cm}^3 \cdot (\text{分子} \cdot \text{s})^{-1}$$
$$SO_2+RO_2 \cdot \longrightarrow RO_2 \cdot SO_2$$

上述反应中,$HO \cdot SO_2$、$HO_2 \cdot SO_2$、$RO_2 \cdot SO_2$ 等均为中间产物。

(三)SO_2 的液相氧化

SO_2 可溶于云雾、水滴中,然后被 O_2、O_3 或 H_2O_2 所氧化。当有金属离子存在时,SO_2 的氧化速率可大大加快。因此,SO_2 的液相氧化既受扩散溶解作用的制约,又与液滴中氧化剂、金属离子的浓度有关。

SO_2 的液相氧化途径及过程大致如下。

1.SO_2 的扩散溶解

$$SO_2(g)+H_2O(l) \Longrightarrow H_2O \cdot SO_2(l)$$
$$H_2O \cdot SO_2(l)+H_2O \Longrightarrow HSO_3^-+H_3O^+ \quad k=1.32\times10^{-2} \text{ mol} \cdot \text{h}^{-1}$$
$$HSO_3^-+H_2O \Longrightarrow SO_3^{2-}+H_3O^+ \quad k=6.42\times10^{-8} \text{ mol} \cdot \text{h}^{-1}$$

2.O_2 的非催化氧化

$$2SO_3^{2-}+O_2 \longrightarrow 2SO_4^{2-}$$
$$2HSO_3^-+O_2 \longrightarrow 2SO_4^{2-}+2H^+$$
$$2H_2O \cdot SO_2+O_2 \longrightarrow 2SO_4^{2-}+4H^+$$

3.O_3 和 H_2O_2 的氧化

Schwartz(1984)的实验室研究结果表明,当 O_3、H_2O_2 具有代表性浓度时,水溶液中的四价硫[S(Ⅳ)]由这些氧化剂起液相氧化作用也是比较重要的;然而,随着 pH 的降低,S(Ⅳ)与 O_3 反应的速率大大降低。

大气中 SO_2 的液相氧化是相当重要的,经研究发现,大气中每小时约有 18% 的 SO_2 在液相中被氧化。各种液相氧化途径的速率(R)有较大差异,大约为:$R_{H_2O_2} \approx 10R_{O_3} \approx 100R_催 \approx 1\,000R_{O_2}$(pH$=5$,25 ℃),即溶于液相中的 SO_2 主要被 H_2O_2 和 O_3 所氧化。影响 SO_2 液相氧化的主要因素有以下几点。

(1)溶液的酸碱性。液滴酸性愈强,氧化反应愈慢。显然,这是因为增加 H^+ 浓度,会抑制 H_2SO_3 的解离,从而降低 SO_2 的溶解度。

$$SO_2+H_2O \Longrightarrow H_2SO_3 \Longrightarrow HSO_3^-+H^+$$

有 NH_3 存在,则反应加快,这是因为

$$NH_3 + H^+ \longrightarrow NH_4^+$$

$$2NH_4^+ + SO_4^{2-} \longrightarrow (NH_4)_2SO_4$$

从而降低了液滴 H^+ 的浓度,有利于 SO_2 的溶解及氧化。

(2)催化剂的类型。各类催化剂的催化效率次序为: $MnSO_4 >$ $MnCl_2 > Fe_2(SO_4)_3 > CuSO_4 > NaCl$,以锰盐的催化效率最高。

(四)SO_2 在颗粒物表面的氧化

悬浮在大气中的颗粒,其组成中往往含有金属氧化物或其盐类,如 Al_2O_3、Fe_2O_3、MnO_2 及 CuO 等。当 SO_2 被吸附在颗粒物表面时,就可能为这些金属氧化物所催化氧化。当颗粒物存在于云雾、水滴中或大气湿度较大时,颗粒物表面存在一层水膜,此时催化氧化作用更为明显,但它们的作用机理,目前了解尚少。

但总的来说,颗粒对 SO_2 的吸附容量很小,约万分之一左右,故只有少数 SO_2 在颗粒物表面受氧化。

第五节 典型的大气环境污染问题

一、光化学烟雾

20 世纪 40 年代,美国洛杉矶大气中出现一种淡蓝色的烟雾,导致大气能见度降低。这种烟雾白天生成、傍晚消失,对人体的眼睛、呼吸道有强烈的刺激作用,并且损害植物和橡胶制品。经过调查研究,该污染事件是由洛杉矶市拥有的 250 万辆汽车排放的尾气造成的,这些汽车每天向大气中排放 1 000 多吨 HC 和 400 多吨 NO_x,在光照的作用下生成大量的氧化剂,造成了光化学污染。随后日本、英国、加拿大、德国等国家中部分大城市也出现了这种烟雾。

汽车、工厂等污染源排入大气的 HC 和 NO_x 等一次污染物在阳光(紫外线)作用下发生光化学反应生成二次污染物,参与光化学反应过程的一次污染物和二次污染物的混合物(其中有气体污染物,也有气溶胶)所形成的烟雾污染现象,称为光化学烟雾。

光化学烟雾的特征是烟雾呈蓝色,具有强氧化性,刺激人们眼睛和呼吸道黏膜,伤害植物叶子,加速橡胶老化,并使大气能见度降低。

光化学烟雾主要发生在强日光及大气相对湿度较低的夏季晴天,白天形成,晚上消失;其刺激物浓度的高峰常出现在中午或午后,受气象条件影响,逆温静风情况会加剧光化学烟雾的污染。

二、臭氧层破坏

在高约 15～35 km 范围的低平流层,臭氧含量很高,因而这部分平流层被称为"臭氧层"。大气中臭氧(O_3)的 90% 几乎都存在于平流层中。如果在地球表面的压力和温度下把它聚集起来,大约只有 3 mm 厚。虽然它在大气中的平均浓度只有 $0.04×10^{-6}$,但在正常情况下,大气臭氧层主要有三个作用:其一为保护作用,均匀分布在平流层中的臭氧能吸收太阳紫外辐射(波长 240～320 nm,都是对生物有害的部分),从而有效地保护了地球上的万物生灵免遭紫外线的伤害。其二为加热作用,其吸收太阳光中的紫外线并将其转换为热能加热大气;其三为温室气体的作用。

对臭氧层破坏最严重的物质主要是氟氯烃和人工合成的有机氯化物。因此,防治臭氧层耗损的主要对策是减少氟氯烃和人工合成的有机氯化物的自然排放量。可致力于回收、循环使用,研究替代用品,最终做到禁止使用。

三、酸雨

pH 小于 5.6 的雨雪或其他形式的大气降水,是大气受污染的一种表现。最早观测到酸性降雨的是 Smith(英国),并且提出"酸雨"这个名词。实际上,酸性物质的干沉降对已出现的各种环境问题也有很大贡献。因此,近年来已逐渐采用"酸沉降"来取代"酸雨"的提法。一般把通过降水(如雨、雾、雪等)过程迁移到地表称为"湿沉降"(wet deposition);各种污染物按其物理与化学特征和本身表面性质的不同,以不同速率与下方的物质表面碰撞而被吸附沉降下来的全部过程称为"干沉降"(dry deposition)。因此,酸沉降化学就是研究干、湿沉降过程中与酸有关的各种化学问题。20 世纪 50年代以来,美国、加拿大及欧洲各国都先后发现降水变酸,致使湖泊、土壤、森林等遭受严重危害,引起各国对酸雨研究的关注,建立酸雨监测网络,开展国际合作。我国从 20 世纪 70 年代末开始,也开展了酸雨方面的研究,组织许多科研单位在酸雨严重和对酸化敏感的西南和华南地区开展综合研究,以期弄清酸雨的形成、危害及其发展趋势。

酸雨形成是一种复杂的大气化学和大气物理现象。酸雨中含有多种无机酸和有机酸,绝大部分是 H_2SO_4 和 HNO_3,多数情况下以 H_2SO_4 为主。

造成酸雨的罪魁祸首是由燃料燃烧所产生的 SO_2、NO、工业加工和矿石冶炼过程产生的 SO_2 转化而成。其形成的化学反应可以随雨、雪的形成或降落而发生,也可以先在空气中发生反应被降水吸收形成酸雨。形成酸的前体物 SO_2 和 NO,可以是当地排放的,也可以是从远处迁移来的。

四、温室效应

气体吸收地面发射的长波辐射使大气增温,进而对地球起到保温作用的现象称为"温室效应",能够引起温室效应的气体,称为温室气体。

如果大气中温室气体增多,则过多的能量被保留在大气中而不能正常地向外空间辐射,这样就会使地表面和大气的平均温度升高,对整个地球的生态平衡会有巨大的影响。

全球气候变暖导致的蒸发旺盛将使全球降水增加,且分布不均,干旱和洪涝的频率及其季节变化难测。气候缓慢变化,生物的多样性也将受到影响。气候的变化曾灭绝了许多物种,近代人类活动对环境的破坏加速了生物物种的消亡。

全球气候变暖对农业将产生直接的影响。引起温室效应的主要气体 CO_2,也是形成 90% 的植物干物质的主要原料。光合作用与 CO_2 浓度关系紧密,但不同的植物对 CO_2 的浓度要求又各有差别。CO_2 浓度增长对农业的间接影响体现为气温升高,潜在蒸发增加,从而使干旱季节延长,减少四季温差。除此以外,高温、热带风暴等灾害将加重。

全球气候变暖对人类健康也产生直接影响。气候要素与人类健康有着密切的关系。研究表明:传染病的各个环节,如病原——病毒、原虫、细菌和寄生虫等,传染媒介——蚊、蝇和虱等带菌宿主中,传染媒介对气候最为敏感。温度和降水的微小变化,对于传媒的生存时间、生命周期和地理分布都会发生明显影响。

防治全球气候变暖的主要控制对策,是采取调整能源战略,减少温室气体的排放。温室气体虽有多种,但最主要的是 CO_2。因 CO_2 主要引起气候的变暖,其防治措施可采取控制化石燃料等的消耗以及减少已生成的 CO_2 向大气中排放。

五、汽车尾气污染

汽车尾气排放是目前增长最快的空气污染源。汽车排放的污染物主要来自未完全燃烧的汽油、柴油,部分是由于曲轴箱的漏气和油的蒸发损失。

它的主要污染物是 CO、CH、NO_x、黑烟和醛类等,它们进入大气后可导致生成光化学烟雾。

由于城市汽车保有量的迅速增加,以及在固定源排放控制方面的进展,在发达国家的许多大型城市,汽车排放已经成为最主要的空气污染来源。虽然目前我国汽车保有量并不高,但这些车辆主要集中于大城市,使得我国一些大城市的空气污染问题日益突出。同时由于城市交通和人口集中程度高,汽车污染物排放密度和造成的污染浓度均比发达国家高。另外,由于汽车尾气排放高度主要集中在离地面 $1.5\sim2$ m 的范围内,所形成的汽车尾气污染带主要滞留在人呼吸道附近,且不易散发,在行人、自行车与汽车混行的交通方式中,这些废气排放直接危害的人口众多,造成局部地区的汽车污染问题非常严重。

汽车排放的污染物对人体健康和生态环境造成了很大影响,特别是儿童、老人、孕妇以及患有心脏病的人,更容易受到伤害。发达国家每年因哮喘病死的人数正逐年上升,汽车尾气中的许多污染物都会引发哮喘病。汽车排放的污染物和大气中其他污染物共同作用还会损害生态环境,污染河流湖泊,危及野生动植物的生存。

如何减少汽车尾气污染,国外对此进行了一个时期的净化研究,现在已重点转入研究燃料及汽车设备结构的改革,以及发展高效无公害的交通系统。而我国根据经济、社会和环境可持续发展的需要,未来汽车发展的方向将倾向于轿车。

第六节　大气污染控制化学

大气污染的控制和治理是一个牵涉面很广的问题,涉及多学科的工程技术、社会经济及管理水平等各方面的因素。从 20 世纪 60 年代起,许多国家相继开展大气污染防治的研究,对含硫化合物、氮氧化物、烟尘等主要大气污染物进行了治理研究和工程实践,已初步形成了大气污染防治工程体系。本节就主要大气污染物控制及治理工程中涉及的化学机理等作些介绍。

一、含硫化合物的控制化学

人类活动排放到大气中的 SO_2,80％以上来源于化石燃料(主要为煤和石油)的燃烧。故这里仅讨论燃烧烟气中含硫化合物治理所涉及的化学问题。

目前,国内外常用的烟气脱硫方法按其工艺大致可分为三类:湿式抛弃工艺、湿式回收工艺和干法工艺。

(一)石灰/石灰石法烟气脱硫

1.石灰/石灰石洗涤法

石灰/石灰石洗涤法是应用最广泛的湿式烟气脱硫技术,该技术最早由英国皇家化学工业公司提出。该脱硫工艺中,烟气经石灰/石灰石浆液洗涤后,其中的 SO_2 与浆液中的碱性物质发生化学反应生成亚硫酸盐和硫酸盐。浆液中的固体(包括燃煤飞灰)连续地从浆液中分离出并沉淀下来,沉淀池上清液经补充新鲜石灰或石灰石后循环至洗涤塔。其总化学反应式分别为

$$CaCO_3 + SO_2 + 2H_2O \longrightarrow CaSO_3 \cdot 2H_2O + CO_2 \uparrow$$
$$CaO + SO_2 + 2H_2O \longrightarrow CaSO_3 \cdot 2H_2O$$

影响 SO_2 吸收效率的其他因素包括:液/气比、钙/硫比、气体流速、浆液 pH、浆液的固体含量、气体中 SO_2 的浓度以及吸收塔结构等。试验证明,采用石灰作吸收剂时液相传质阻力很小,而用 $CaCO_3$ 时,固、液相传质阻力就相当大。尤其是采用气—液接触时间较短的吸收洗涤塔时,采用石灰系统较石灰石系统优越。

石灰/石灰石法脱硫效果较好,脱硫效率一般为 $60\% \sim 80\%$,最高可达 90% 以上。但石灰和石灰石法均存在洗涤塔易结垢和堵塞的现象。为防止 $CaSO_4$ 的结垢,在吸收过程中应控制亚硫酸盐的氧化率在 20% 以上,且废渣的处理也是一件较麻烦的事情。

2.改进的石灰/石灰石法

为提高 SO_2 的去除率,减少废渣的产生量,改进石灰石法的可靠性和经济性,有人提出了添加己二酸或硫酸镁的改进石灰石湿式脱硫法。

己二酸 $[HOOC(CH_2)_4COOH]$ 在洗涤浆液中可作为 pH 的缓冲剂。己二酸的缓冲作用抑制了气液界面上由于 SO_2 溶解而导致的 pH 降低,从而使液面处的 SO_2 浓度提高,大大加速了 SO_2 的液相传质。此外,形成的己二酸钙也能降低必需的钙硫比。

添加硫酸镁的目的是为改进溶液化学性质,使 SO_2 以可溶性盐的形式被吸收,而不是以亚硫酸钙或硫酸钙,减少了结垢的产生。其化学反应机理如下:

$$SO_2(g) + H_2O \longrightarrow H_2SO_3$$

$$H_2SO_3 + MgSO_3 \longrightarrow Mg^{2+} + 2HSO_3^-$$

$$Mg^{2+} + 2HSO_3^- + CaCO_3 \longrightarrow MgSO_3 + Ca^{2+} + SO_3^{2-} + CO_2\uparrow + H_2O(再生)$$

$$Ca^{2+} + SO_3^{2-} + 2H_2O \longrightarrow CaCO_3 \cdot 2H_2O(s)$$

浆液中部分亚硫酸盐氧化为硫酸盐,而得到石膏($CaSO_4 \cdot 2H_2O$)副产品。

(二)双碱法脱硫

双碱法也是为了克服石灰/石灰石法易结垢的弱点、提高 SO_2 的去除率而发展起来的。双碱法采用碱金属盐类(以 Na^+ 盐为主及 K^+、NH_4 等)或其水溶液吸收 SO_2,然后再用石灰或石灰石再生吸收 SO_2 后的吸收液,将 SO_2 以亚硫酸钙或硫酸钙形式沉淀析出,得较高纯度的石膏,再生后的溶液返回吸收系统循环使用。主要化学反应如下:

$$2SO_2(g) + CO_3^{2-} + H_2O \longrightarrow 2HSO_3^- + CO_2\uparrow$$

$$SO_2(g) + HCO_3^- \longrightarrow HSO_3^- + CO_2\uparrow$$

$$SO_2(g) + 2OH^- \longrightarrow SO_3^{2-} + H_2O$$

$$SO_2(g) + OH^- \longrightarrow HSO_3^-$$

用熟石灰再生时,

$$Ca(OH)_2 + 2HSO_3^- \longrightarrow SO_3^{2-} + CaSO_3 \cdot 2H_2O$$

$$Ca(OH)_2 + SO_3^{2-} + 2H_2O \longrightarrow 2OH^- + CaSO_3 \cdot 2H_2O$$

$$Ca(OH)_2 + SO_4^{2-} + 2H_2O \longrightarrow 2OH^- + CaSO_4 \cdot 2H_2O\downarrow$$

用石灰石再生时,

$$CaCO_3 + 2HSO_3^- + H_2O \longrightarrow SO_3^{2-} + CaSO_3 \cdot 2H_2O + CO_2\uparrow$$

$$(x+y)CaCO_3 + xSO_4^{2-} + (x+y)HSO_3^- + 2H_2O \Longrightarrow$$
$$(x+y)HCO_3^- + xCaSO_4 \cdot yCaSO_3 \cdot 2H_2O\downarrow + xSO_3^{2-}$$

(三)氧化镁法脱硫

氧化镁法属湿式回收工艺。采用 pH 为 8~8.5 的 5% MgO 乳液为吸收剂,吸收 SO_2,生成的 $MgSO_4$ 经加热再生 MgO,再生得到的高浓度 SO_2 则用以生产硫酸或硫黄。工艺过程包括烟气预处理、SO_2 吸收、固液分离及干燥、$MgSO_4$ 再生等。主要化学反应如下:

SO_2 吸收:

$$Mg(OH)_2 + SO_2(g) \longrightarrow MgSO_3 + H_2O$$

$$MgSO_3 + H_2O + SO_2(g) \longrightarrow Mg(HSO_3)_2$$

$$Mg(HSO_3)_2 + MgO \longrightarrow 2MgSO_3 + H_2O$$

$$MgSO_3 + 1/2O_2 \longrightarrow MgSO_4$$

$$MgO + SO_3 \longrightarrow MgSO_4$$

$MgSO_4$ 再生:适宜的焙烧温度为 933~1 143 K。

$$C + 1/2O_2 \longrightarrow CO$$

$$CO + MgSO_4 \longrightarrow CO_2 \uparrow + MgO + SO_2 \uparrow$$

$$MgSO_3 \longrightarrow MgO + SO_2 \uparrow$$

再生出来的 SO_2(浓度约 10%)经初步净化后,可输送至硫酸(或硫黄)生产单元。

氧化镁法要求预先进行除尘和除氯,并严格控制再生焙烧温度(<1 473 K)。此外,工艺过程大约有 8% MgO 流失,造成二次污染。这些因素均限制了该工艺的使用。

(四)氨法脱硫

即以氨作为吸收剂吸收 SO_2。与其他碱吸收法相比,其优点是费用低廉,且氨可保留在吸收产物中制成含氮肥料,减少了再生费用。

SO_2 吸收反应为

$$2NH_3 + SO_2(g) + H_2O \longrightarrow (NH_4)_2SO_3$$

$$(NH_4)_2SO_3 + SO_2(g) + H_2O \longrightarrow 2NH_4HSO_3$$

$(NH_4)_2SO_3$ 对 SO_2 有很强的吸收能力,它是氨法中的主要吸收剂。随着 SO_2 的吸收,NH_4HSO_3 的比例逐渐增大,吸收能力降低,此时需补充氨水将 NH_4HSO_3 转化为 $(NH_4)_2SO_3$。

由于烟气中含有 O_2 和 CO_2,故在吸收过程中还会发生下列副反应:

$$2(NH_4)_2SO_3 + O_2 \longrightarrow 2(NH_4)_2SO_4$$

$$2NH_4HSO_3 + O_2 \longrightarrow 2NH_4HSO_4$$

$$2NH_3 + H_2O + CO_2 \longrightarrow (NH_4)_2CO_3$$

对氨吸收 SO_2 后的吸收液采取不同的处理方法,可回收不同的副产品。主要后续处理方法有热解法、氧化法和酸化法等。生成的副产品主要有 $(NH_4)_2SO_4$、浓 SO_2、单体硫等。

(五)喷雾干燥法脱硫

喷雾干燥法是 20 世纪 70 年代中期至末期迅速发展起来的,属干法工艺。其原理是 SO_2 被雾化了的 $Ca(OH)_2$ 浆液或 Na_2CO_3 溶液吸收,同时温度较高的烟气干燥了液滴,形成干固体粉尘。粉尘(主要为亚硫酸盐、硫酸盐、飞灰等)由袋式除尘器或电除尘器捕集。喷雾干燥法是目前唯一工业化的干法烟气脱硫技术。该方法操作简单、无污水产生,废渣量少,能耗低

（仅为湿法的 $1/3 \sim 1/2$），故有取代传统湿式洗涤器的趋势。

总反应

$$Ca(OH)_2(s) + SO_2(g) + H_2O(l) \Longleftrightarrow CaSO_3 \cdot 2H_2O(s)$$

$$CaSO_3 \cdot 2H_2O(s) + 1/2O_2 \Longleftrightarrow CaSO_4 \cdot 2H_2O(s)$$

涉及的主要反应有

$$SO_2(g) \Longleftrightarrow SO_2(aq)$$

$$SO_2(aq) + H_2O \Longleftrightarrow H_2SO_4$$

$$H_2SO_4 \Longleftrightarrow H^+ + HSO_3^- \Longleftrightarrow 2H^+ + SO_3^{2-}$$

$$Ca^{2+} + SO_4^{2-} + 2H_2O \Longleftrightarrow CaCO_4 \cdot 2H_2O$$

$$Ca^{2+} + SO_3^{2-} + 2H_2O \Longleftrightarrow CaCO_3 \cdot 2H_2O$$

$$CO_2(g) \Longleftrightarrow CO_2(aq)$$

$$CO_2(aq) + H_2O \Longleftrightarrow H_2CO_3 \Longleftrightarrow H^+ + HCO_3^- \Longleftrightarrow 2H^+ + CO_3^{2-}$$

$$Ca^{2+} + CO_3^{2-} \Longleftrightarrow CaCO_3(s)$$

后三个反应表明，烟气中 CO_2 会消耗 Ca^{2+}，从而影响本方法的脱硫效果。

二、含氮化合物的控制化学

氮氧化物如 NO、NO_2、NO_3 均是重要的大气污染物。其控制方法一般考虑两条途径：一是排烟脱氮，二是控制其产生量。其中排烟脱氮方法可分为干法和湿法两大类，干法主要有催化还原法、吸附法等，属物化方法；而湿法则主要有直接吸收法、氧化吸收法、液相吸收还原法、络合吸收法。这里主要就湿法工艺中的化学机理作些介绍。

（一）吸收法处理 NO_x 废气

1.水吸收法

当 NO_x 主要以 NO_2 形式存在时，可以考虑用水作吸收剂。水和 NO_2 反应生成硝酸或亚硝酸。

$$H_2O + 2NO_2 \longrightarrow HNO_3 + HNO_2$$

其中亚硝酸在通常情况下，极不稳定，很快发生分解。

$$3HNO_2 \longrightarrow HNO_3 + 2NO + H_2O$$

由于 NO 不与水发生化学反应，仅能被水溶解一部分，其溶解度仅为 SO_2 的 $1/10$，所以被 H_2O 吸收的 NO 量甚微。故为了高效脱除 NO_x，一般需要较长的停留时间使 NO 转化为 NO_2。

2.酸吸收法

浓硫酸或稀硝酸均可用于 NO_x 尾气的吸收。用浓硫酸吸收 NO_x 时生成亚硝基硫酸。

$$NO+NO_2+2H_2SO_4(浓)\longrightarrow 2NOHSO_4+H_2O$$

稀硝酸吸收 NO_x 的原理系利用其在稀硝酸($15\%\sim20\%$)中有较高的溶解度而进行物理吸收。该方法常用来净化硝酸厂尾气,净化效率可达 90%。低温和高压有利于 NO_x 的吸收,吸收 NO_x 后的硝酸,经加热用二次空气吹出,吹出的 NO_x 可返回硝酸吸收塔进行吸收,吹除 NO_x 后的硝酸冷却至 $293\ K$,然后送尾气吸收塔循环使用。

3.碱性溶液吸收法

通常采用 30% 的 NaOH 溶液或 $10\%\sim15\%$ 的 Na_2CO_3 溶液作为吸收剂吸收净化 NO_x 尾气。其化学反应机理如下:

$$2MOH+NO+NO_2\longrightarrow 2MNO_2+H_2O$$
$$2MOH+2NO_2\longrightarrow MNO_3+MNO_2+H_2O$$

式中,M 为 Na^+、K^+、NH_4^+ 等。

为取得较好的净化效果,可采用氨-碱两级吸收法。首先用氨在气相中与 NO_x 和水蒸气反应,生成白色的 NH_4NO_3 和 NH_4NO_2 雾。反应式为

$$2NH_3+2NO_2+H_2O\longrightarrow NH_4NO_3+NH_4NO_2$$

然后用碱溶液进一步吸收 NO_x,NH_4NO_3 和 NH_4NO_2 将溶解于碱液中。

(二)氧化还原法

因 NO 水溶性极小,故上述方法对 NO_x 的吸收率都不高,而氧化还原法则可以改善吸收过程。$NaClO_2$、高锰酸钾、亚硫酸盐以及尿素等均是可选择的常用氧化还原剂。

在此以亚硫酸铵溶液为例作简要介绍。亚硫酸铵具有较强的还原能力,可将 NO_x 还原为无害的氮气,亚硫酸铵则被氧化成硫酸铵化肥。其反应机理如下:

$$2NO+2(NH_4)_2SO_3\longrightarrow N_2\uparrow+2(NH_4)_2SO_4$$
$$2NO_2+2(NH_4)_2SO_3\longrightarrow N_2\uparrow+2(NH_4)_2SO_4+O_2$$

以 N_2O_3 形式存在的少量 NO_x 按下式进行反应:

$$N_2O_3+4(NH_4)_2SO_3+3H_2O\longrightarrow 2N(OH)(NH_4SO_3)_2+4NH_4OH$$
$$N_2O_3+4NH_4HSO_3\longrightarrow 2N(OH)(NH_4SO_3)_2+H_2O$$

$$NH_4HSO_3 + NH_4OH \longrightarrow (NH_4)_2SO_3 + H_2O$$

NO_x 的氧化度(指 NO_2 在 NO_x 中所占的比例)对吸收效率影响很大。当氧化度在 $20\% \sim 30\%$，吸收效率为 50%；氧化度大于 50% 时，吸收效率可达 90% 以上。此外，吸收液中 NH_4HSO_3 与 $(NH_4)_2SO_3$ 的比例对吸收效率影响也很大，因为 NH_4HSO_3 对 NO_x 无还原能力，故需向亚硫酸铵溶液中通入氨气以调节 $NH_4HSO_3/(NH_4)_2SO_3 < 0.1$，才能保持较高的吸收效率。

三、其他废气污染物的控制化学

(一)含氟废气的处理

含氟废气净化一般可分为湿法和干法两大类。由于含氟气体易溶于水和碱性溶液，故含氟废气净化多采用湿法。

1.水吸收法

HF 能溶于水生成氢氟酸。只要保持足够低的温度($19.69\ ℃$以下)，用水吸收氟化氢，可以得到任意高浓度的氢氟酸。

磷肥工业尾气中产生的四氟化硅，也极易溶于水，生成氟硅酸。

$$SiF_4 + 4H_2O \longrightarrow Si(OH)_4 + 4HF$$
$$SiF_4 + 2HF \longrightarrow H_2SiF_6$$

所以，水吸收法是目前治理磷肥厂含 SiF_4 废气的常用方法。

HF 及 SiF_4 被水吸收后得到的氢氟酸和氟硅酸溶液，可进一步回收制取冰晶石或氟硅酸钠。如在处理铝电解厂含氟废气过程中，可加入氢氧化铝与净化系统中低浓度氢氟酸反应生成氟铝酸，然后再加入 Na_2CO_3，生成冰晶石。其主要化学反应如下：

$$Al(OH)_3 + 6HF \longrightarrow H_3AlF_6 + 3H_2O$$
$$2H_3AlF_6 + 3Na_2CO_3 \longrightarrow 2Na_3AlF_6 + 3CO_2 + 3H_2O$$

2.碱吸收法

采用 NaOH、Na_2CO_3、氨水等碱性物质直接吸收含氟废气，并回收冰晶石。以 Na_2CO_3 吸收较多见。

$$Na_2CO_3 + HF \longrightarrow NaF + NaHCO_3$$
$$2HF + Na_2CO_3 \longrightarrow 2NaF + CO_2 \uparrow + H_2O$$
$$6NaF + Al(OH)_3 \longrightarrow Na_3AlF_6(冰晶石) + 3NaOH$$

其中新生态的 $Al(OH)_3$ 可由偏铝酸钠($NaAlO_2$)水解产生。

$$NaAlO_2 + 2H_2O \longrightarrow Al(OH)_3 + NaOH$$

水解生成的 $NaOH$ 同 CO_2 反应,又可生成 Na_2CO_3。

$$NaOH + CO_2 \longrightarrow Na_2CO_3 + H_2O$$

(二)有机废气的催化燃烧

对于中低浓度的有机废气若直接燃烧处理,则需消耗大量热能,并引发新的环境问题。因此,目前直接燃烧法已逐渐为催化燃烧法所取代。

有机废气的催化燃烧法主要是利用催化剂在低温下实现对有机物的完全氧化。该工艺工作温度低(一般为 $300 \sim 400$ ℃),能耗少,且净化效率高,操作简便、安全。

汽车尾气一般也采用催化法处理。考虑尾气中主要污染物为 NO_x、HC 和 CO 等,目前已开发出较为成熟的三效催化剂,以同时净化上述三种污染物。

第三章　水环境化学

　　水是生命不可缺少的物质,没有水就没有生命。水也是世界上分布最广的资源之一,是工农业生产不可缺少的物质。但是,世界上可供人类利用的淡水资源仅占地球水资源的 0.64%,水资源保护显得更加迫切。

　　为了防治水污染,人们从 20 世纪 60 年代以来开展了许多水资源保护和水污染研究工作,如汞污染引起的水俣病和镉污染引起的"痛痛病"等,取得许多研究成果。随着研究工作的深入,人们开始密切关注污染物在水/气、水/沉积物,水/水生生物等界面的传输过程和动态变化,并将水—气—沉积物—生物作为一个完整体系开展研究,水中重点污染物也从重金属及大量耗氧有机物转向持久性有机污染物,以及新型化合物的水环境化学行为和归趋研究,关注水环境中污染物共存时的复合效应。此外,饮用水资源的保护及地下水污染问题也日益受到重视。

　　在本章中,将侧重介绍天然水的基本特性,水体中重金属污染物的迁移转化,水体中有机污染物的迁移转化,水体富营养化过程等。

第一节　水环境化学基础

一、天然水的基本特性

　　天然水中一般含有可溶性物质和悬浮物质(包括悬浮物、矿物黏土、水生生物等),可溶性物质的成分十分复杂。天然水的化学组成及其特点是在长期的地质循环、短期的水循环以及各种生物循环中形成的。天然水与大气、岩石、土壤和生物相互接触时进行频繁的化学与物理作用,同时进行物质和能量的交换。所以,天然水的化学组成经常在变化,并且成为极其复杂的体系,水中的组分分别以溶解状态、悬浮状态或胶体状态存在。

（一）水的特性

由于水分子之间氢键的存在，使天然水具有许多不同于其他液体的物理、化学性质，从而决定了水在人类生命过程和生活环境中无可替代的作用。

（1）透光性。水是无色透明的，太阳光中可见光和波长较长的近紫外光部分可以透过，使水生植物光合作用所需的光能够到达水面以下的一定深度，而对生物体有害的短波远紫外光则被阻挡在外。这在地球上生命的产生和进化过程中起到了关键性的作用，对生活在水中的各种生物具有至关重要的意义。

（2）高比热容、高汽化。热水的比热容为 4.18 J/（g·℃），是除液氨外所有液体和固体中最大的。水的汽化热也极高，在 20 ℃下为 2.418 kJ·g^{-1}。正是由于这种高比热容、高汽化热的特性，地球上的海洋、湖泊、河流等水体白天吸收到达地表的太阳光热能，夜晚又将热能释放到大气中，避免了剧烈的温度变化，使地表温度长期保持在一个相对恒定的范围内。通常生产上使用水做传热介质，除了它分布广外，主要是利用水的高比热容的特性。

（3）高密度。水在 3.98 ℃时的密度最大，为 1 000 kg·m^{-3}。水的这一特性在控制水体温度分布和垂直循环中起着重要作用。在气温急剧下降时，水面上较重的水层向下沉降，与下部水层交换，这种循环过程使得溶解在水中的氧及其他营养物得以在整个水域分布均匀。

（4）高介电常数。水的介电常数在所有的液体中是最高的，可使大多数离子化合物能够在其中溶解并发生最大程度的电离，这对营养物质的吸收和生物体内各种生化反应的进行具有重要意义。

（5）水是一种极好的溶剂，为生命过程中营养物质的传输提供了最基本的媒介。

（6）冰轻于水。冰由于呈六方晶系晶体结构，使水分子之间有较大的空隙，因此，冰的密度比水小，只有 0.916 8 g·mL^{-1}，可以浮在水面上。冬天，当江河湖海水温下降时，4 ℃附近的水由于密度最大，沉入水的下层，当水温继续下降时，密度变小升到水的上层，直到 0 ℃时结成了冰。由于冰比水轻，漂浮在水面上，即使水面封冻，又使水体水底温度仍可保持 4 ℃的稳定状态。水体的这一特性对水中生物具有十分重要的意义，在水底层中水生生物可以生存。

（7）水的依数性。水的依数性包括凝固点降低、蒸气压下降和渗透压。

(二)天然水体的性质

1.天然水的循环

地球上各种形态的水在太阳辐射和地心引力作用下,不断地运动循环、往复交替,如图 3-1 所示。在太阳能和地球表面热能的作用下,地球上的水不断地被蒸发成水蒸气,进入大气并被气流输送至各处,在适当条件下凝结成降水,其中降落到陆地表面的雨霜,经截留、入渗等环节而转化为地表及地下径流,最后又回归海洋。这种不断蒸发、输送、凝结、沉降的往复循环过程称为水的循环。

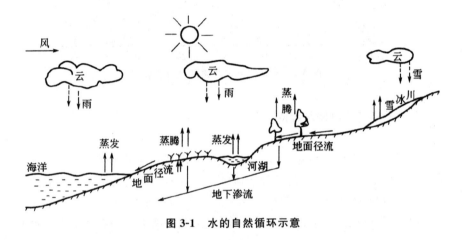

图 3-1 水的自然循环示意

2.水量平衡

蒸发、降水和径流是水循环过程中的三个重要环节,并决定着全球的水量平衡。假如将水从液态转变为气态的蒸发作为水的支出($E_{全球}$),将水从气态转变为液态或固态的大气降水作为收入($P_{全球}$),径流是调节收支的重要参数。根据水量平衡方程,全球一年中的蒸发量等于降水量,即

$$E_{全球}=P_{全球}$$

每年从地球表面蒸发的水量约为 $5.2×10^5 \ km^3$。

对于任一流域、水体或任意空间,无论是在海洋或在陆地上,降水量和蒸发量因纬度不同而有较大差异(图 3-2)。

图 3-2 中上面两条曲线分别表示全球降水和蒸发的纬度分布,下面两条曲线分别表示陆地降水和蒸发的纬度分布。上下两条降水曲线间的面积代表海洋降水量,上下两条蒸发曲线间的面积代表海洋蒸发量。由图 3-2

可知,赤道地区,特别是北纬 0°～10°水量过剩;在南北纬 10°～40°一带,蒸发量超过降水量;在 40°～90°南、北半球的降水量均超过蒸发量,又出现水量过剩;在两极地区降水量和蒸发量都较少,趋于平衡。

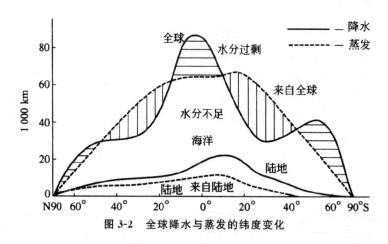

图 3-2 全球降水与蒸发的纬度变化

二、天然水的环境效应

水环境一词是 20 世纪 70 年代出现的,《环境科学大词典》对其的解释是:"水环境是地球上分布的各种水体以及与其密切相连的诸环境要素如河流、海岸、植被、土壤等。"它的独特含义是:"水环境是构成环境的基本要素之一,是人类赖以生存和发展的重要场所,也是人类干扰和破坏最为严重的地区。"

(一)水是生命起源的要素

1953 年由美国科学家 Miller 设计的著名模拟实验,利用几种非常简单的无机物——H_2、CH_4、NH_3 和 H_2O(这几种物质都是原始地球大气的主要成分)——在放电和佛水蒸发凝结循环流动的条件下,合成了生命物质氨基酸和其他一些有机物。这些最早的有机物在海洋中被储存起来,经过漫长的演化过程,便出现了原始生命。如今地球表面的 70% 以上被水覆盖着,大多数生物体内水的含量也达 2/3 以上。经研究还发现,人体血液的矿化度为 9 g·L^{-1},这与 30 亿年前的海水是相同的;静脉点滴用的生理盐水为 0.9% 的 NaCl 溶液,与原始海水的矿化度一致。这似乎在告诉人们,现代人的身体内仍然流动着几十亿年前的海洋水。在自然界的植物体内,水分含量更高,有的甚至高达 95%。这一切都充分表明地球上生命的产生和进化都离不开水。可以说,没有水就没有生命。

（二）水是自然环境的要素之一

当前全球范围内面临的环境问题主要是人口、资源、生态破坏和环境污染。它们之间相互关联、相互影响。水对人类生存和发展起着非常重要的作用，水环境优劣直接或间接影响着其他环境要素的好坏，如大气、土壤、矿藏、森林、草原、野生动物、自然遗迹、人文遗迹、自然保护区、风景名胜区、城市和乡村等。工业生产中的空调、清洗、冷却、加工、沸蒸和传送以及农业上的农田灌溉用水量都很大。为了保护环境，维持生态平衡，必须保持江河湖泊一定的流量，以满足鱼类和水生生物的生长，并利于冲刷泥沙、冲洗农田盐分入海，保持水体自净能力和旅游等的需要。因此，水又是极其重要和不可缺少的环境要素。

（三）水在人体代谢中的生理功能

水是人体中含量最多的组成成分，约占体重的 2/3，是维持人体正常生理活动的重要营养物质之一。人若不吃食物只喝水可生存数十日之久，若无水供应只能生存几天。水具有特殊的物理化学性质，在人体中担负着输送养分、调节体温、促进物质代谢、润滑体内各个器官、排除体内废物等生理功能。

三、水质基准

水质基准（water quality citeria）是制定水环境质量标准及评价、预测和防治水体污染的主要依据。美国和欧盟都较早地开展了水质基准的系统研究。美国的水质研究始于 20 世纪初，1974 年正式公布的《水质基准》已建立了较为完善的水质基准推导理论和方法学；2009 年 USEPA 颁布的水质基准包括 120 项优先控制污染物和 47 项非优先控制污染物的淡水（海水）的急性和慢性，以及人体健康等 6 类基准值。加拿大（1987 年）和澳大利亚（2004 年）都分别制定了相关的《水质指南》，但目前乃有许多污染物没有相对应的水质基准。国际上目前主要采用评价因子法、物种敏感度分布曲线法、生态毒理模型法和毒性百分数排序法等推导水生生物基准，但是不同的推导方法得出的基准会有所不同（冯承莲等，2012）。

我国水质基准研究较晚，现行水质标准限值大多直接采用和借鉴国外水质标准或水质基准。近年来，已有许多课题组开展了环境基准的研究，指出环境暴露、效应识别和风险评估是基准研究的三个关键步骤，初步建立了具有我国区域特点的环境质量基准理论、技术和方法体系，初步提出了具有生态分区差异性的水生生物基准制定方法技术体系,对我国水环境基准研究的发展起到积极作用。今后基准研究应围绕污染物的生物可利用性、明确生物富集机理和毒性效应、构建毒性预测模型以及新型污染物水质基准理论方法学等方面开展研究。

四、水污染

过去,饮用水中的细菌污染曾是决定人类健康的一个重要因素,由于细菌污染引起的传染病可以使大批人口死亡。现在这一问题已基本得到控制,当然在一些地区的饮用水中还存在这方面的潜在危险。非典、禽流感等疾病的出现,又向人类敲响了警钟。第二次世界大战以来,合成化学品生产的迅速增长,使得今天水质的主要威胁来自有害化学物质的污染。工业污水的排放和农田大量施用杀虫剂、除草剂的径流使地面水受到污染,更严重的是化学废弃物的不适当处理使地下水也受到污染。水中常见的污染物类型及其影响见表 3-1。在本节中将有选择地作论述。

表 3-1　水中常见的污染物类型及其影响

污染物的种类	影响	污染物的种类	影响
重金属与微量元素	健康,水生生物群	痕量有机污染物	毒性
金属-有机化合物	金属迁移	农药	毒性,水生生物群,野生生物
无机污染物	毒性,水生生物群	多氯联苯	对生物可能有影响
藻类营养物	富营养化	化学致癌物	癌症发病率
放射性核素	毒性	石油废物	野生生物,感官
酸度、碱度、盐度(如果过量则为污染物)	水质,水生生物	病原体洗涤剂	健康富营养化,野生生物,感官
污水	水质,氧含量	沉积物	水质,水生生物群,野生生物
生化需氧量	水质,氧含量	味道、臭味和颜色	感官

五、水处理

在前面的内容中对化学原理在水处理中的应用已有很多涉及,这里再作一些补充。

(一)水处理和水利用

水处理可分为三类:①水的净化以满足生活用水需要;②特殊工业用水处理;③废水处理以达到排放标准或重复利用。

处理方式和程度极大地依赖于水的来源和水的应用方式。居民用水需彻底杀灭致病细菌,但允许有一定的硬度;而锅炉用水可含细菌,但必须是软水以避免结垢。排入大河里的水可较再用于干旱地区的水处理得简单些。随着全世界对水资源的用量增加,各种复杂和深度水处理方法将不得不被更多地采用。

(二)民用水处理

不管进水来自河流或地下水,处理后的水应该是清洁、安全、甚至是可直接饮用的。图 3-3 是民用水处理厂的流程图。井水中可能有较高的硬度和较高浓度的铁。原水首先进入曝气池,使水与空气接触以除去挥发性物质,如 H_2S、CO_2、CH_4、CH_3SH 等,也有利于使溶解铁(II)转化为难溶的铁(III)。加入石灰提升水的 pH,使 Ca、Mg 等离子沉淀,以降低硬度,这些沉淀发生于初沉池。加入凝聚剂,如铁盐、铝盐,它们在水中形成絮状氢氧化物,可除去水中胶体物质,也可加入活化硅或聚合电解质,促使凝聚或絮凝。这一沉降过程在加入 CO_2 降低 pH 后发生于二沉池中。初沉池与二沉池的污泥被泵入污泥池,水最后经氯化、过滤后进入城市自来水管道。

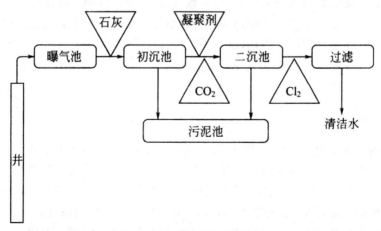

图 3-3 民用水处理厂流程图

(三) 工业用水处理

水在工业中有广泛的用途,如锅炉用水和冷却水。水处理方法和程度取决于水的最终用途,如冷却水只需要很少的处理,锅炉用水需除去腐蚀性物质和结垢物质,而食品加工用水必需无致病物质和有毒物质。不适当的处理可引起腐蚀、结垢、降低热交换器效率、减缓水的流速和使产品污染。这些影响可能引起设备运行故障、能量消耗增加、泵水费用增加和产品质量下降。因此低成本、高效水处理对工业用水处理十分重要。在设计和运行工业用水处理设施时需考虑以下因素:水的要求、水源的数量和质量、水的连续使用、水循环及排放标准。

除了各种特殊的工业用水处理方法,总的来说可分为外部处理和内部处理两类。外部处理包括:曝气、过滤和澄清以去除悬浮体、溶解固体、硬度和溶解气体等。内部处理用来改进水质以满足特殊的用途,如:加硫化物或肼去除溶解氧;加螯合剂与 Ca^{2+} 作用,防止钙盐沉淀;加入沉淀剂,如加入磷酸盐除钙;加入分散剂防止结垢;加入抑制剂防止腐蚀;调解 pH;加入杀菌剂用于食品加工或在冷却水中防止细菌生长。

(四) 废水处理

典型的城市污水包含需氧物质、沉淀物、泡沫、油脂、致病菌、病毒、盐、藻类营养物、农药、有机物、重金属和各种杂物。描述污水的指标有浊度(turbidity)、悬浮固体(SS)、总溶解固体(TDS)、pH、溶解氧(DO)、化学需氧量(COD)和生化需氧量(BOD)等。

现行废水处理可分为三类,即一级处理、二级处理和三级处理。废水的一级处理主要是除去不溶物,如石子、油脂和泥沙等。废水的二级处理主要是除去可生化降解的有机物,常采用生物转盘、活性污泥等方法。废水的三级处理也称为废水的深度处理,以进一步除去水中的有机物和无机物。下面是常需考虑除去的物质。

1. 金属的去除

城市供水中有时会出现"黄水",这多半是由于水中溶解的铁与锰在氧化气氛中生成为红棕色的氢氧化铁和二氧化锰沉淀的缘故。溶解于水中的铁与锰常发现于地下水中,因为在还原性条件下它们倾向于成为二价而较易溶于水中。地下水中铁一般不超过 10 $mg \cdot L^{-1}$,锰一般不超过 2 $mg \cdot L^{-1}$,除去它们的基本方法是氧化它们至高价不溶态。常利用曝气的办法,氧化速率取决于 pH,高 pH 使氧化迅速,Mn(Ⅱ)氧化至不溶的 MnO_2 是一个复杂的过程。好像能被固体 MnO_2 催化，MnO_2 可以吸附 $Mn(II)$，被吸附的 $Mn(II)$ 慢慢任 MnO_2 表面氧化。

氯与高锰酸钾有时也被用作氧化铁与锰的氧化剂，有证据表明还原性有机螯合剂可以保持铁以 II 价状态溶于水中，在这样的情况下，Cl_2 是有效的，因为它可以破坏有机物，从而使铁（II）被氧化。

石灰处理，可使重金属成为不溶氢氧化物除去，或使重金属与 $CaCO_3$ 或 $Fe(OH)_3$ 共沉淀除去。这一方法不能完成除去汞、镉或铅，因此对于它们还需加入硫化物（大部分重金属可与硫化物生成沉淀）。石灰沉淀方法一般不能回收金属，因此从经济角度是不利的。

电沉析（通过电子使金属离子还原变成金属在电极上析出）、反渗透和离子交换也常用于金属的除去，利用有机螯合剂-溶剂萃取的方法也能有效除去许多金属。

活性炭吸附能有效除去水中 $\mu g \cdot mL^{-1}$ 级别的有些金属，有时吸附于炭上的螯合剂将有利于金属的除去。

不是特殊为除去重金属设计的大多数水处理方法均能除去相当数量的重金属。生物处理可有效除去重金属，这些金属积累于污泥上，因此在污泥处置上要多加小心。

各种物理-化学处理方法能从废水中有效除去重金属，其中之一是石灰沉淀后接着用活性炭过滤，活性炭过滤也可在氯化铁（HI）处理生成氢氧化铁（III）后进行，能有效除去重金属。相似地，铝矾也可在活性炭过滤前加入。

重金属的形态与金属去除效果密切相关，例如，$Cr(VI)$ 一般比 $Cr(III)$ 更难去除，螯合态金属较游离态金属难去除。

2.溶解性有机物的去除

饮水中低含量的外来有机物可能致癌或致其他疾病。在水杀菌过程中，在化学作用下，特别是氧化，可以产生"杀菌副产物"（disinfection by products）。有些是氯化有机物，源于水中有机物，特别是腐殖质，在氯化作用下产生的。人们发现，在氯化前将有机物除去至很低浓度，将可有效地避免三卤甲烷的生成。另一类杀菌副产物是含氧有机物，如醛、羧酸、含氧酸等。

各种有机物存在于或产生于二级废水处理的排水中，在排放和再利用时均要作为考虑的因素。差不多一半这些有机物是腐殖质，其他有机物有醚萃取物、碳水化合物、脂肪、洗涤剂、丹宁和木质素等。醚萃取物包含许多难生物降解化合物，特别是它们的潜在毒性、致癌性和致畸性而受到关注，在醚萃取物中发现有脂肪酸、烷烃、萘、二苯甲烷、二苯基甲基萘、异丙苯酚、邻苯二甲酸酯和三乙基磷酸酯等。

除去溶解有机物的标准方法是活性炭吸附。活性炭可利用木材、泥炭、褐煤等原材料在 600 ℃ 以下厌氧炭化，并随后通过部分氧化进行活化而制得。CO_2 可以作为氧化剂在 600～700 ℃：

$$CO_2 + C \longrightarrow 2CO$$

或以水作为氧化剂在 800～900 ℃：

$$H_2O + C \longrightarrow H_2 + CO$$

这些过程可产生孔隙，增加表面积，并使炭对有机物有亲和力。活性炭有两种：一种是颗粒状活性炭，粒径为 0.1～1 mm；另一种是粉末状活性炭，粒径为 50～100 μm。

虽然现在粉末状活性炭在水处理方面的应用增加，但颗粒状活性炭较前者还是用得更广，因为它可作为固定床，水通过活性炭床，积累于床上的颗粒物需要定期反冲洗清除。膨胀床（expen-ded bed）水流方向朝上使颗粒物较分散，不易阻塞。

从经济考虑，活性炭再生，可通过在水蒸气-空气 95 ℃ 下完成，这一过程使吸附的有机物氧化并使炭表面再生，伴随约有 10％ 炭损失。

除去有机物也可利用聚合物作为吸附剂，如 Amberlite XAD-4 具有憎水表面，能强烈地吸引相对不溶的有机物，如有机氯农药。这些聚合物的孔隙率可达体积的 50％，表面积高达 850 m^2，它们可利用溶剂如异丙醇和丙酮再生，在适当的运行条件下，这些聚合物几乎可除去所有的非离子有机物，例如利用 Amberlite XAD-4 经适当处理可使 250 mg·L^{-1} 苯酚降低至 0.1 mg·L^{-1} 以下。

氧化方法也可除去水中溶解有机物，如臭氧、过氧化氢、分子氧、氯及其衍生物、高锰酸盐或高铁酸盐［铁（Ⅵ）］均可用作氧化剂，电化学氧化有时也是可能的。此外，利用高压电子加速器产生的高能电子束也具有潜在的破坏有机化合物的能力。

3.溶解性无机物的去除

为了使水能循环使用，除去溶解性无机物是必需的。二级水处理出水一般含 300～400 mg·L^{-1} 溶解无机物，因此对于完全的水循环使用，如不除去无机物，则会引起溶解物质积累。即使不重复使用，除去无机营养物磷与氮，可大大减轻下游水体富营养化。有时还需除去痕量有毒物质。

除去无机物可通过蒸馏的方法，但能量需求大，不经济，而且，如无特殊防止措施，氨和有气味物质会随之进入水中。冷冻可产生非常纯净的水，但以今天的技术水平是不经济的。因此目前膜技术是去除水中无机物具有最佳价效化的方法,常用的有电渗析、离子交换、反渗透、纳滤、超滤、微滤等。

(1)除磷。高级废水处理一般需除磷以避免藻类生长。活性污泥处理可除去废水中约20%磷,因此相当部分生物磷随污泥除去。在常规活性污泥处理厂曝气池运行条件下,CO_2浓度一般较高,因为在生物降解有机物时释放出CO_2,高CO_2浓度使pH相对较低,这时磷酸盐主要以$H_2PO_4^-$形式存在。当曝气速率高,且相对是硬水,这时CO_2被扫出,pH因而升高,则有如下反应发生:

$$5Ca^{2+} + 3HPO_4^{2-} + H_2O \longrightarrow Ca_5OH(PO_4)_3(S) + 4H^+$$

羟基磷灰石或其他形式的磷酸盐沉淀则混入污泥絮凝中。从上式可看出,增加氢离子浓度,平衡向左移动,因此在厌氧条件下,当污泥处于较酸性时,即有较高CO_2浓度时,磷将重新转入溶液。

从化学角度来看,磷酸盐最常用的去除方法是沉淀,常见的沉淀剂和它们的产物见表3-2。沉淀法可除去至90%～95%磷,且价格可以接受。

表3-2　化学沉淀剂除磷酸盐及其产物

沉淀剂	产物	沉淀剂	产物
$Ca(OH)_2$	$Ca_5OH(PO_4)_3$(羟基磷灰石)	$FeCl_3$	$FePO_4$
$Ca(OH)_2 + NaF$	$Ca_5F(PO_4)_3$(氟磷灰石)	$MgSO_4$	$MgMH_4PO_4$
$Al_2(SO_4)_3$	$AlPO_4$		

磷酸盐也可以通过吸附的方法从溶液中除去,特别是采用活性氧化铝,去除正磷酸盐效率高达99.9%。

(2)除氮。氮是除磷之外又一个藻类营养物、作为高级废水处理需要除去的物质。

氮在城市污水中一般以有机氮或氨存在,氨是大多数生物废水处理过程产生的氮产物,可通过吹脱法将氨从水中吹出,要使吹脱法工作,需将铵氮转化为挥发性NH_3,需要调节pH高于NH_4^+的pK_a,实践中一般通过加入石灰(也对除磷起作用)使pH升至约11.5,在吹脱塔中通空气将氨从水中吹出。易结垢、结冰和空气污染是其主要缺点。

硝化、接着反硝化是最有效的从废水中除氮的技术。

第一步在强曝气条件下使氨和有机氮转化为硝酸盐:

$$NH_4^+ + 2O_2(硝化细菌) \longrightarrow NO_3^- + 2H^+ + H_2O$$

第二步是硝酸盐到氮气的还原,这一反应也是细菌催化反应,需要碳源和还原剂,一般可加入甲醇:

$$6NO_3^- + 5CH_3OH + 6H^+（反硝化细菌）\longrightarrow 3N_2(g) + 5CO_2 + 13H_2O$$

反硝化过程可在釜中进行,也可在炭柱上进行。通过中试厂运行可以达到:氨有 95% 转化为硝酸盐,而硝酸盐有 86% 转化为氮气。

此外,也可利用沸石通过离子交换选择性地除去铵离子,或利用生物合成通过生成生物物质脱氮。

（五）硬水的软化处理

若水的硬度是暂时硬度,这种水经过煮沸以后,水里所含的碳酸氢钙或碳酸氢镁就会分解成不溶于水的碳酸钙和难溶于水的氢氧化镁沉淀。这些沉淀物析出,水的硬度就可以降低,从而使硬度较高的水得到软化。

除去或减少自然水中的钙盐或镁盐等的过程叫作硬水软化。软化的方法主要有药剂软化法和离子交换法。

药剂软化法:

(1)石灰软化法。将生石灰加水调成石灰乳加入水中则可消除水的暂时硬度,反应为

$$Ca(HCO_3)_2 + Ca(OH)_2 \longrightarrow 2CaCO_3\downarrow + 2H_2O$$
$$Mg(HCO_3)_2 + 2Ca(OH)_2 \longrightarrow Mg(OH)_2\downarrow + 2CaCO_3\downarrow + 2H_2O$$

同时石灰乳能使镁、铁等离子从水中沉淀出来,促使胶体粒子凝聚,但此法不能使水彻底软化,它只适用于碳酸盐硬度较高而不要求高度软化的情况,也可作为其他方法的预处理阶段。

(2)石灰纯碱软化法。即用石灰乳和纯碱的混合液作为水的软化剂。纯碱能消除水的永久硬度,如

$$CaCl_2 + Na_2CO_3 \longrightarrow CaCO_3\downarrow + 2NaCl$$
$$MgSO_4 + Na_2CO_3 \longrightarrow MgCO_3\downarrow + Na_2SO_4$$

(3)综合软化法。以石灰乳和纯碱作为基本软化剂,以少量磷酸三钠为辅助软化剂。磷酸三钠能与造成暂时硬度及永久硬度的盐类生成难溶盐使之沉淀。

离子交换法可以认为是一种特殊的吸附过程。钠型阳离子交换剂能从溶液中吸附多种阳离子,而把本身的钠离子放入溶液中,从而达到软化的目的。交换剂种类很多。无机离子交换剂交换容量较小,工业上应用较多的磺化煤也趋于淘汰,普遍使用的是有机高分子聚合物,又叫离子交换树脂。离子交换树脂由有机高聚物本体和能进行交换的阳离子或阴离子构成,分为阳离子交换树脂和阴离子交换树脂(参见"离子交换树脂")。阳离子交换树脂又因所带交换基的不同分为钠型(R—Na)、氢型(R—H)、铵型(R—NH₄)等。离子交换是一种可逆过程,当硬水流过钠型交换树脂时,Ca、Mg 等离

子按下式被交换：

$$2R-Na+Ca^{2+}\Longrightarrow CaR_2+2Na$$

随着反应的进行，交换速度越来越慢，继而停止交换。此时必须用食盐水冲洗交换剂，使反应向左进行，交换剂得以再生。实际应用中的操作过程：①交换，欲处理的水流过离子交换剂层，进行交换，直至交换剂失效；②反冲洗，使水逆向流过已失效的离子交换剂，除去交换时聚集的悬浮物和破碎的交换剂，并松动交换剂层；③加入再生剂，使之进行再生反应，并将交换下来的 Ca、Mg 等离子带出，恢复交换剂的能力；④正洗，使水流经交换剂层，去除所有的再生剂。

第二节 水体中重金属污染物的迁移转化

一、重金属

有许多微量元素是动植物的营养元素，它们在低含量时是必需元素，但在高含量时则是有毒害的。有些重金属被划入最有害的元素污染物行列，这些元素一般位于元素周期表的右下角，如 Pb、Cd、Hg。而有些位于金属与非金属之间的元素也是重要的污染物，如 As、Se、Sb。

1.汞

汞是我们最关心的重金属污染物。在许多矿石中都有一点，陆地岩石中的平均含量约为 $80\ \mu g\cdot kg^{-1}$，煤里约有 $100\ \mu g\cdot kg^{-1}$ 或更高。汞主要用来制造电极（如用于电解法生产氯气），也用于制造实验室真空设备等。无机汞盐和有机汞化合物大量用作农药、杀菌剂等。

最典型的毒害事件是 1953—1960 年日本水俣病事件。汞的来源是一个化工厂的废水排入水俣湾。在 100 多例由于食用了汞污染的海产品而遭汞中毒的病人中有 43 人死亡。由于母亲食用汞污染海产品致使 19 个婴儿先天缺陷。海产品汞含量为 $2\sim5\ \mu g\cdot mL^{-1}$。汞中毒的主要症状是神经系统受损，表现为急躁、插足麻痹、疯癫、失明等。后来才发现了是甲基汞所致。

原来无机汞在还原细菌的作用下可以转化为溶于水的 CH_3Hg^+，因而在水中与鱼组织中才会有更高浓度的汞含量。

在中性或碱性水中，偏向于形成挥发性的 $(CH_3)_2Hg$。图 3-4 显示了汞在水体中的转化途径。

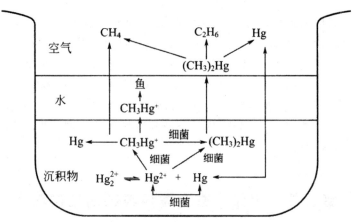

图 3-4　汞在水体中的转化途径

2.镉

水中镉污染来自工厂和矿区废水。镉广泛应用于金属电镀。在化学性质上 Cd 与 Zn 非常相似,因此,在地球化学过程中这两个元素经常在一起。镉对人体健康非常有害,可引起高血压、肾脏受损、睾丸组织和血红蛋白被破坏。在日本由镉引起了著名的"痛痛病"事件,镉来源于河水被开矿废水污染,人们通过饮水和吃了由该水灌溉的稻米而得病。镉的生理作用被认为是:在人体一些酶中,由于 Cd 取代了 Zn,从而影响了酶的催化功能。

镉和锌是工业区港湾水和底泥中的常见污染物。有人研究了河口锌和镉的迁移规律。夏天风平浪静,表面水中含溶解 Cd 浓度较高,以 $CdCl^+$ 为主,底部处于还原气氛,在细菌作用下生成 CdS 沉淀。冬天风很大,由于水的流动性增大,海底 pH 升高,Cd 会从底泥中解析出来,并被带至港口外的海湾中,在那里被悬浮固体吸附沉降又成为海湾沉积物。这是污染物在水体中由于水力、化学和微生物诸因素的影响发生迁移转化的一个例子。

二、重金属污染元素在水体中的迁移和转化

在不同 pH 和不同氧化还原条件下,重金属元素的价态往往会发生变化,它们会发生一系列的化学反应,可以成为易溶于水的化合物,随水迁移;也可成为难溶的化合物在水中沉淀,进入底质;它们也容易被吸附于水体中悬浮物质或胶体上,在不同 pH 条件时,随着胶体发生凝聚(进入底质中)或

消散作用(存在于水中)。

(一)吸附作用

天然水体中含有丰富的胶体颗粒物,这些胶体颗粒物有巨大的比表面,并且带有电荷,能强烈地吸附金属离子,水体中重金属大部分被吸附在水中的颗粒物上,并在颗粒物表面发生多种物理化学反应。

天然水体中的颗粒物一般可分为三大类,即无机粒子(包括石英、黏土矿物及 Fe、Al、Mn、Si 等水合氧化物)、有机粒子(包括天然的和人工合成的高分子有机物、蛋白质、腐殖质等)和无机与有机粒子的复合体。

黏土矿物的颗粒是具有层状结构的铝硅酸盐,在微粒表面存在着未饱和的氧离子和羟基,分别以 $\equiv AO^-$ 和 $\equiv AOH$ 表示($\equiv$ 表示微粒表面,A 表示硅、铝等元素)。颗粒中晶层之间吸附有可交换的正离子及水分子。颗粒的半径一般小于 $10\ \mu m$,因此在水中形成胶体或悬浮在水体的粗分散系中。

Fe、Al、Mn、Si 等水合氧化物的基本组成为 $FeO(OH)$、$Fe(OH)_3$、$Al(OH)_3$、$MnO(OH)_2$、MnO_2、$Si(OH)_4$、SiO_2 等,在水中往往形成胶体,以 $\equiv AOH$ 表示。

水体中有机物种类极多,已知的腐殖质是重要的有机物之一,它在水中存在的形态与官能团的解离程度有关。当羟基和羧基大多离解时,高分子沿着呈现负电荷方向互相排斥,构型伸展,亲水性强而趋于溶解;当各官能团难于离解而电荷减少时,高分子趋向蜷缩成团,亲水性弱,趋于沉淀。

水体中无机与有机粒子的复合体,主要是以黏土矿物颗粒为中心,再结合其他无机或有机粒子构成的聚集体。

关于黏土矿物(claymineral)对重金属离子的吸附机理,目前已提出以下两种。

(1)一种认为重金属离子与黏土矿物颗粒表面的羟基氢发生离子交换而被吸附,可用下式示意:

$$\equiv AOH + Me^+ \rightleftharpoons \equiv AOMe + H^+$$

此外,黏土矿物颗粒中晶层间的正离子,也可以与水体中的重金属离子发生交换作用而将其吸附。显然重金属离子价数越高,水化离子半径越小,浓度越大,就越有利于和黏土矿物微粒进行离子交换而被大量吸附。

(2)另一种认为金属离子先水解,然后夺取黏土矿物微粒表面的羟基,形成羟基配合物而被微粒吸附。可示意如下:

$$Me^{2+} + nH_2O \rightleftharpoons Me(OH)_n^{(2-n)+} + nH^+$$

$$\equiv AOH + Me(OH)_n^{(2-n)} \rightleftharpoons AMe(OH)_{n+1}^{(1-n)+}$$

水合氧化物对重金属污染物的吸附过程,一般认为是重金属离子在这些颗粒表面发生配位化合的过程，如下式表示：

$$R\underset{OH}{\overset{COOH}{<}} + Me^{2+} \Longrightarrow \left[R\underset{O^-}{\overset{COO^-}{<}}\right]Me^{2+} + 2H^+$$

腐殖质对重金属离子的两种吸附作用的相对大小，与重金属离子的性质有密切关系，实验证明：腐殖质对锰离子的吸附以离子交换为主，对铜、镍离子以螯合作用为主，对锌、钴则可以同时发生明显的离子交换吸附和螯合吸附。

（二）配合作用

重金属离子可以与很多无机配位体，有机配位体发生配合或螯合反应。水体中常见的配体有羟基、氯离子、碳酸根、硫酸根、氟离子和磷酸根离子，以及带有羧基（—COOH）、胺基（—NH$_2$）、酚羟基（C$_6$H$_5$OH）的有机化合物，配合作用对重金属在水中的迁移有重大影响。

近年来在重金属环境化学的研究中，特别注意羟基和氯离子配合作用的研究，认为这两者是影响重金属难溶盐溶解度的重要因素，能大大促进重金属在水环境中的迁移。羟基对重金属离子的配合作用实际上是重金属离子的水解反应，重金属离子能在较低的 pH 时就发生水解。

重金属离子的水解是分步进行的，或者说与羟基的配合是分级进行的，以二价重金属离子为例：

$$M^{2+} + OH^- \Longrightarrow M(OH)^+$$
$$M(OH)^+ + OH^- \Longrightarrow M(OH)_2$$
$$M(OH)_2 + OH^- \Longrightarrow M(OH)_3^-$$
$$M(OH)_3^- + OH^- \Longrightarrow M(OH)_4^{2-}$$

H.C.Hahne 和 W.Kroonje 对 Hg^{2+}、Cd^{2+}、Pb^{2+}、Zn^{2+} 的水解作用进行了研究，指出在无其他离子影响的条件下，pH 与羟基配离子的生成有着密切的关系：

(1)Hg^{2+} 在 pH 2～6 范围内水解，在强酸性 pH 2.2～3.8 时水中汞的主要形式为 Hg(OH)$^+$，pH 为 6 时，主要为 Hg(OH)$_2$。

(2)Cd^{2+} 在 pH 小于 8 时为简单离子，pH＝8 时，生成 Cd(OH)$^+$，到 pH 为 8.2～9.0 时达峰值，pH 为 9 时开始生成 Cd(OH)$_2$ 至 pH 为 11 时达峰值。

(3)Pb^{2+} 在 pH 为 6 以前为简单离子，在 pH 6～10 时，以 Pb(OH)$^+$ 占优势，在 pH＝9 时开始生成 Pb(OH)$_2$。

(4)Zn^{2+} 在 pH 为 6 时，以简单离子形式存在，pH＝7 时有着微量的

$Zn(OH)^+$ 生成,pH 8~10 时以 $Zn(OH)_2$ 占优势,pH 达 11 以后,生成 $Zn(OH)_3^-$ 与 $Zn(OH)_4^{2-}$。

H.C.Hahne 等人的研究表明,羟基与重金属的配合作用可大大增加重金属氢氧化物的溶解度,对重金属的迁移能力有着不可忽视的影响。

1.氯离子的配合作用

天然水体中的 Cl^- 是常见阴离子之一,被认为是较稳定的配合剂,它与金属离子(以 M^{2+} 为例)能生成 MCl^+、MCl_2、MCl_3^-、MCl_4^{2-} 形式的配合物。

Cl^- 与金属离子配合的程度受多方面因素的影响,除与 Cl^- 的浓度有关外,还与金属离子的本性有关。Cl^- 对汞的亲和力最强,根据 H.C.Hahne 等人的研究,不同配合数的氯汞配离子都可以在较低的 Cl^- 浓度下生成。

当 Cl^- 仅为 10^{-9} mol·L^{-1}($3.5×10^{-5}$ ppm)时,就开始形成 $HgCl^+$ 配离子,当 $[Cl^-]>10^{-7.5}$ mol·L^{-1}($1.1×10^{-3}$ ppm)时,生成 $HgCl_2$。这样低的 Cl^- 浓度几乎在所有淡水中都可以达到。当 $[Cl]>10^{-2}$ mol·L^{-1}(350 ppm)时,就可以生成 $HgCl_3^-$ 和 $HgCl_4^{2-}$。

Zn、Cd、Pb 的离子与 Cl^- 的配合,必须在 $[Cl^-]>10^{-3}$ mol·L^{-1}(35 ppm)时,才形成 MCl^+ 型配离子,$[Cl^-]>10^{-1}$ mol·L^{-1}(3 500 ppm)时,才能形成 MCl_3^- 和 MCl_4^{2-} 型配离子。Hahne 等人认为 Cl^- 与这四种金属形成配合物能力的顺序为:$Hg>Cd>Zn>Pb$。

Cl^- 对重金属离子的配合作用可大大提高难溶金属化合物的溶解度,对 Zn、Cd、Pb 化合物来说,当 $[Cl^-]=1.0$ mol·L^{-1} 时,溶解度增加 2~77 倍,特别对汞化合物影响更大,即使 Cl^- 浓度较低,如 $[Cl^-]=10^{-4}$ mol·L^{-1} 时,氢氧化汞和硫化汞的溶解度也分别增加 45 倍和 408 倍。

同时,由于金属的氯配离子的形成,可使胶体对金属离子(尤其是汞离子)的吸附作用明显减弱。曾有一些研究者提出应用 NaCl 和 $CaCl_2$ 等盐类来消除沉积物中汞污染的可能性。

2.重金属在 Cl^-—OH^-—M 体系中的配合作用

通常水体中 OH^- 和 Cl^- 是同时存在的,它们对重金属离子的配合作用会发生竞争。对于 Zn^{2+}、Cd^{2+}、Hg^{2+}、Pb^{2+} 除形成氯配离子外,还可形成下列羟基配合物:$Zn(OH)_2$、$Cd(OH)^+$、$Hg(OH)_2$、$Pb(OH)^+$,Hahne 对这两种作用的联合平衡进行了计算,指出在 pH=8.5,Cl^- 约为 3 500~$6×10^4$ ppm 时,Hg^{2+} 和 Cd^{2+} 主要为 Cl^- 所配合,而 Zn^{2+} 和 Pb^{3+} 主要为 OH^- 配合。含有 20 000 ppm Cl^- 的海水中,Zn^{2+} 和 Pb^{2+} 主要以 $Zn(OH)_2$ 和 $Pb(OH)^+$ 形态存在,而 Cd^{2+} 和 Hg^{2+} 主要以 $CdCl_2$ 和 $HgCl_4^{2-}$、$HgCl_3^-$

形态存在,同时还会形成 $Hg(OH)Cl$、$Cd(OH)Cl$ 等复杂配离子,此时 Hg^{2+}—Cl—OH^- 体系中的形态优势。在 pH 较低和 Cl^- 浓度较大的条件下,$Hg(Ⅱ)$ 是以 $HgCl_4^{2-}$ 为主要优势形态,在 pH 较高和 Cl^- 浓度较小,即大多数天然水体的 pH 范围(6.5~8.5)和可能的 Cl^- 浓度范围内,$Hg(Ⅱ)$ 以 $Hg(OH)_2$、$Hg(OH)Cl$、$HgCl_2$ 为主要存在形态。如根据中科院环化所彭安等的研究计算后指出:当水体 pH=8.3,$lg[Cl^-]=-1.7$ 时,$Hg(Ⅱ)$ 各配合态的分布系数 $Hg(OH)_2$ 为 56.8%,$Hg(OH)Cl$ 为 29.8%,$HgCl_2$ 为 10.6%。

3.有机配体与重金属离子的配合作用

水环境中的有机物如洗涤剂、农药及各种表面活性剂都含有一些螯合配位体,它们能与重金属生成一系列稳定的可溶性或不溶性螯合物。不过在天然水体中最重要的有机螯合剂是腐殖质。河水中平均含腐殖质 $10\sim50\ mg\cdot L^{-1}$,起源于沼泽的河流中腐殖质含量可高达 $200\ mg\cdot L^{-1}$,底泥中的腐殖质含量更为丰富,约为 1%~3%。

腐殖质能起配合作用的基团主要是分子侧链上的多种含氧官能团如羧基羟基羰基等。当羧基的邻位有酚羟基,或两个羧基相邻时,对螯合作用特别有利。腐殖质与金属离子的螯合反应示意如下:

$$R\!\!\begin{array}{c}\textup{COOH}\\\textup{OH}\end{array}+M^{2+}=R\!\!\begin{array}{c}\textup{COO}\\\textup{O}\end{array}\!\!M+2H^+ \tag{3-1}$$

$$R\!\!\begin{array}{c}\textup{COOH}\\\textup{COOH}\end{array}+M^{2+}=R\!\!\begin{array}{c}\textup{COO}\\\textup{COO}\end{array}\!\!M+2H^+ \tag{3-2}$$

还可能发生下列反应:

$$R\!\!\begin{array}{c}\textup{COOH}\\\textup{COOH}\end{array}+M^{2+}=\left[R\!\!\begin{array}{c}\textup{COO}\\\textup{COO}\end{array}\!\!M\!\!\begin{array}{c}\textup{OOC}\\\textup{OOC}\end{array}\!\!R\right]^{2-}+4H^+ \tag{3-3}$$

$$R\!\!\begin{array}{c}\textup{COOH}\\\textup{OH}\end{array}+M^{2+}=\left[R\!\!\begin{array}{c}\textup{COO}\\\textup{O}\end{array}\!\!M\!\!\begin{array}{c}\textup{OOC}\\\textup{O}\end{array}\!\!R\right]^{2-}+4H^+ \tag{3-4}$$

甘布尔等人指出:pH≥4 时,腐殖质羧基中的氢解离,而酚羟基中的氢解离则要 pH≥7,故 pH 4~7 时配合反应主要按(3-2)、(3-3)式进行,pH≥7 以后则有利于反应(3-1)和(3-4)式的进行。

腐殖质的螯合能力随金属离子改变而改变,表现出较强的选择性,如湖泊腐殖质的螯合能力按 Hg^{2+}(20.1)、Cu^{2+}(8.42)、Ni^{2+}(5.27)、Zn^{2+}(5.05)、Co^{2+}(4.75)、Cd^{2+}(4.70)、Mn^{2+}(4.30)顺序递降(括号内数值为

pH＝5,I＝0.01 mol・L^{-1},采用离子选择性电极法测定的螯合物的不稳定常数的负对数值)。

腐殖质的螯合能力与其来源有关,并与同一来源的不同成分有关。一般分子量小的成分,对金属离子螯合能力强,反之螯合能力弱。腐殖质的螯合能力还同体系 pH 有关,体系 pH 降低时螯合能力减弱。如 pH 从 5.5 降到 4.0 时,土壤腐殖质对 Cu^{2+}、Ni^{2+} 和 Zn^{2+} 的螯合能力也随之减弱,它们的 pK_a 分别由 5.86 降为 3.43,由 5.42 降为 2.75,由 4.82 降为 3.59。

腐殖质与金属离子的螯合或配合作用,对金属离子的迁移转化有着重要的影响,其影响决定于所形成的螯合物或配合物是难溶的还是易溶的,当形成难溶的螯合物时,就降低重金属离子的迁移性。一般在腐殖质成分中,腐黑物、腐殖酸与金属离子形成的螯合物或配合物的可溶性较小,如腐殖酸与 Fe、Mn、Zn 等离子结合形成难溶的沉淀物。而富里酸与金属离子的螯合物一般是易溶的。但金属离子与富里酸的物质的量浓度比值,对螯合物的溶解度影响很大,如当 Fe^{3+} 与 FA 的物质的量浓度比为 1∶1 时,形成可溶性螯合物,而当比值增至 6∶1 时,则形成的整合物全沉淀下来。总之,腐殖酸将金属离子较多地积蓄在水体底泥中,而富里酸则把更多的重金属保存在水层里。

上述螯合物的溶解性还与溶液的 pH 有密切关系,通常腐黑物金属离子螯合物在酸性时可溶性最小,而富里酸金属离子螯合物则在接近中性时可溶性最小。

水体腐殖质除明显影响重金属形态迁移转化、富集等环境行为外,还对重金属的生物效应产生影响,据报道,在腐殖质存在下可以减弱汞对浮游植物的抑制作用,也可降低汞对浮游动物的毒性;而且会影响鱼类软体动物富集汞的效应。

(三)氧化还原作用

环境化学中常用水体电位(用 E 表示)来描述水环境的氧化还原性质,它直接影响金属的存在形式及迁移能力。如重金属 Cr 在电位较低的还原性水体中,可以形成 Cr(Ⅱ)的沉淀,在电位较高的氧化性水体中,可能以 Cr(Ⅵ)的溶解态形式存在。两种状态的迁移能力不同,毒性也不同。水体电位决定于水体氧化剂、还原剂的电极电位及水体 pH。

在实际应用中,我们还可以采用 pE(或 pE°)来表示氧化还原能力的大小,相应于 pH＝$-lg[H^+]$,我们可以定义 pE＝$-lg[e]$,[e]表示溶液中电子的浓度(严格地说应为活度)。

对于反应 $2H^+(aq)+2e \longrightarrow H_2$ $E°=0.00$ V

当 $[H^+]=1.0 \text{ mol} \cdot L^{-1}$，$p_{H_2}=101.3 \text{ kPa}$ 时，则 $[e]=1.00$，$pE=0.00$。如果 $[e]$ 增加 10 倍，则 $pE=-1.0$，可见 pE 与 E 值一样反映了体系氧化还原能力的大小。pE 越小，电子浓度越高，体系提供电子能力的倾向就越强，即还原性越强。反之 pE 越大，电子浓度越低，体系接受电子能力的倾向就越强，氧化性越强。

对于任意一个氧化还原半反应

$$Ox+ne=Red \tag{3-5}$$

其中 Ox 代表氧化剂，Red 代表还原剂。

根据 Nernst 方程式，则

$$E=E°+\frac{2.303RT}{nF}\lg\frac{[Ox]}{[Red]} \tag{3-6}$$

25 ℃时，$E=E°+\frac{0.059}{n}\lg\frac{[Ox]}{[Red]}$

反应达平衡时，$E=0$

$$E°=\frac{2.303RT}{nF}\lg K$$

平衡常数

$$\lg K=\frac{nFE°}{2.303RT} \tag{3-7}$$

根据(3-5)式，平衡常数也可表示为 $K=\frac{[Red]}{[Ox][e]^n}$

两边取对数　　　$\lg K=\lg\frac{[Red]}{[Ox]}-n\lg[e]$

根据 pE 的定义

$$pE=-\lg e=\frac{1}{n}\left(\lg K-\lg\frac{[Red]}{[Ox]}\right) \tag{3-8}$$

根据(3-6)式

$$\lg\frac{[Red]}{[Ox]}=\frac{(E°-E)nF}{2.303RT} \tag{3-9}$$

以(3-7)式和(3-9)式代入(3-8)式得

$$pE=\frac{1}{n}\left[\frac{nFE°}{2.303RT}-\frac{(E°-E)nF}{2.303RT}\right]$$

整理后 $pE=\frac{EF}{2.303RT}=\frac{E}{0.0591}$

同理可得 $pE°=\frac{E°}{0.0591}$

对比(3-6)式得 $0.0591pE=0.0591pE°+\frac{0.059}{n}\lg\frac{[Ox]}{[Red]}$

$$pE = pE^\circ + \frac{1}{n}lg\frac{[Ox]}{[Red]}$$

某些反应的 pE 值不仅与氧化态、还原态物质浓度有关,还与体系的 pH 有关,因此可用 lgC—pE 图和 pE—pH 图来表示它们之间的关系。

水溶液中存在着很多物质(包括水)的氧化还原电对,其电极电位随 pH 的变化而相应变化,若作出水和其他一些物质电对的电极电位随 pH 变化的关系图(E—pH 图),不但可直接从图中查得在某 pH 时的电位值,而且对水中存在的氧化剂或还原剂能否与水发生氧化还原反应也一目了然。

以水作氧化剂或还原剂的电极反应可看出,其电位均与水溶液的 pH 有关。

$$2H^+ + 2e = H_2(g) \quad E^0_{H^+/H_2} = 0.00 \text{ V}$$
$$O_2(g) + 4H^+ + 4e = 2H_2O \quad E^0_{O_2/H_2O} = 1.23 \text{ V}$$

根据 Nernst 方程可求得 pH 与相应电位的关系式。

$$E_{H^+/H_2} = E^0_{H^+/H_2} + \frac{0.059}{2}lg\frac{[H^+]^2}{p_{H_2}}$$

$$E_{O^+/H_2O} = E^0_{O^+/H_2O} + \frac{0.059}{4}lg(p_{O_2}[H]^{4+})$$

当 $p_{H_2} = p_{O_2} = 101.3$ kPa 时,代入上两式得:

$$E_{H^+/H_2} = -0.059pH/H, = -0.059pH \tag{3-10}$$
$$E_{O^+/H_2O} = 1.23 - 0.059pH \tag{3-11}$$

(3-10)、(3-11)两式是水作氧化剂和水作还原剂时的 E—pH 方程式,根据(3-10)、(3-11)式可作图得 E_{H^+/H_2}-pH 和 E_{O^+/H_2O}-pH 两条直线,分别称氢线和氧线。

天然水体中有着各种各样的物质,进行着大量氧化还原反应,如水生植物的光合作用产生大量有机物,排入水体的耗氧有机物分解均属有机物的氧化还原反应。水体中的无机物也能发生氧化还原反应,如井水中的 Fe(Ⅱ)可被氧或污水中的 Cr(Ⅵ)等氧化剂氧化成 Fe(Ⅲ)。

一般来说,重金属元素在高电位水中,将从低价氧化成高价或较高价态,而在低电位水中将被还原成低价态或与水中存在的 H_2S 反应形成难溶硫化物如 PbS、ZnS、Cus、CdS、HgS。

水体中的氧化还原条件对重金属的形态及其迁移能力有着巨大的影响,以 Fe-CO_2-H_2O 体系为例,可以看出,Fe 的形态及迁移能力与 E、pH 的依赖关系。

根据反应及有关平衡常数。考虑可能有 Fe(s)、Fe(OH)$_2$(s)及 FeCO$_3$(s)存在的情况下,当溶解的总无机碳量为 1×10^{-3} mol·L^{-1},溶解的总铁

量为 1×10^{-5} mol·L^{-1} 时:在较高 pH 条件下,Fe 可达 $+3$ 价,但只是在 pH 较小的酸性条件下,可以溶解态的形式(即 Fe^{3+}、$FeOH^{2+}$)存在于水相中,在天然水的 pH 范围内(5～9)只能以 $Fe(OH)_3(s)$ 形态存在,所以迁移能力较低。在 E 值较低的情况下,主要形态为 Fe(Ⅱ),在某些地下水中 Fe(Ⅱ)可达到可观的水平,迁移能力较强,但在碱性较强的情况下,则形成 $FeCO_3$ 或 $Fe(OH)_2$ 沉淀,从而降低了迁移能力。若体系中还存在硫,则在 E 值较低的情况下,与 S—或 HS—生成更难溶的硫化物沉淀而降低迁移能力。一些元素如 Cr、V、S 等在氧化环境中形成易溶的化合物(铬酸盐、钒酸盐、硫酸盐),迁移能力较强。相反在还原环境中形成难溶的化合物而不易迁移。另一些元素(如 Fe、Mn 等)在氧化环境中形成溶解度很小的高价化合物,而很难迁移,而在还原环境中形成易溶的低价化合物。若无硫化氢存在时,它们具有很大的迁移能力,但若有硫化氢存在时,则由于形成的金属硫化物是难溶的,使迁移能力大大降低。在含有硫化氢的还原环境中可形成各种硫化物(如 Fe、Zn、Cu、Cd、Hg 等)沉淀,从而降低了这些金属的迁移能力。

(四)溶解沉淀作用

沉淀和溶解是水溶液中常见的化学平衡现象,金属离子在天然水中的沉淀—溶解平衡对重金属离子在水环境中的迁移和转化具有重要的作用。衡量金属离子在水中的迁移能力大小可以使用溶解度或溶度积。下面介绍在天然水环境中金属氢氧化物、硫化物的沉淀—溶解平衡。

1.氢氧化物

pH 是影响水体中重金属迁移转化的重要因素。水环境中各类重金属氢氧化物的解离度或沉淀,直接受 pH 所控制。像 $Cu(OH)_2$ 和 $Zn(OH)_2$ 这样的两性氢氧化物,如果水体 pH 过高时,它们又会形成羟基配离子而溶解,使水中铜离子或锌离子溶解度又升高。

如果已知金属离子羟基配合物的各级稳定常数,就能计算出水体中该金属离子的溶解度,对于能形成两性氢氧化物的金属离子来说,存在着这样一个 pH,在该 pH 下,金属离子的溶解度最小,pH 增大或是减小时,溶解度都将增大。

2.硫化物

天然水体中除氧气、二氧化碳外,在通气不良的条件下,有时还有硫化氢气体存在。水体中硫化氢气体来自厌氧条件下,含硫有机物的分解及硫酸盐的还原,而大量硫化氢是火山喷发的产物。

当 pH<7 时,水中 H_2S 存在形式以分子态为主;当 pH<5 时,在水中 HS^- 实际上已不存在而只有 H_2S;当 pH>8 时,主要存在形式为 HS^-;当 pH>9 时,水中以 H_2S 形态存在的含量已可忽略不计;只有当 pH=10 时,在水体中才有少量 S^- 出现。

重金属硫化物的溶解度很小,除了碱金属和碱土金属以外,其他重金属的硫化物都是难溶物,Mn、Fe、Zn 和 Cd 的硫化物能溶于稀盐酸,Ni 和 Co 的硫化物能溶于浓盐酸,而 Pb、Ag、Cu 的硫化物只能溶于硝酸,Hg 的硫化物只能溶于王水。在水中只要含有微量的 S^{2-},重金属离子就能形成硫化物沉淀下来。

第三节　水体中有机污染物的迁移转化

对于一种有机污染物,仅仅看它的毒性大小是不够的,还必须考察它进入环境分解为无害物的速度快慢如何。一个毒性大而分解快的有机污染物未必比毒性小而分解慢的危害来得大,许多有机污染物在受到控制(例如进行治理)的情况下又未必绝对不能使用。因此就要为它制定排放标准、水质标准或基准。有机污染物在水体中的形态、迁移和转化过程对其毒性起着重要作用。图 3-5 显示了有机污染物在水中的迁移转化过程。

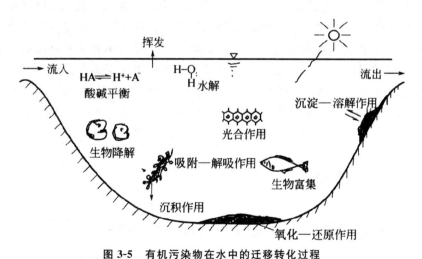

图 3-5　有机污染物在水中的迁移转化过程

有机污染物在水体中的自然迁移转化过程主要包括分配作用、挥发作用、水解作用、光解作用和生物作用等,可以简单用图 3-6 表示。其影响因素主要是有机物本身的理化性质和光照、水体的温度、pH、氧化还原性等条件。在人工条件下,可以通过各种物理、化学、生物方法对自然过程进行强化,以提高污染物的去除效率。研究这些过程,有助于阐明有机污染物在水环境中的归宿。

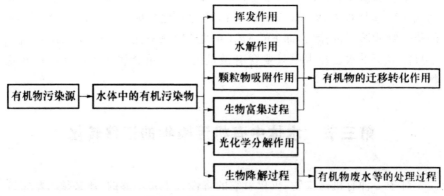

图 3-6　有机污染物的迁移转化

相对分子质量较低的多环芳烃 PAHs 化合物在水处理过程中主要通过微生物氧化分解作用实现有机污染物的降解过程,同时有机污染物的颗粒物吸附沉积作用、挥发作用等也可以使得有机物从水相中迁移转化;水环境中相对分子质量较高的多环芳烃化合物主要通过光化学氧化分解过程实现有机物的分解,通过颗粒物的吸附沉积作用实现有机污染物的迁移和转化,水体中的腐殖质就有可能作为光敏物质参与光化学氧化还原反应。可以说,有关光化学氧化分解反应的研究工作现在还主要集中在水体中卤代有机化合物受光照分解而被氧化的机理和动力学方面。对于具有两个环的 PAHs 化合物来说,有较大挥发性。例如飘浮海面的原油中所含的萘很容易在一定水温、水流、风速条件下挥发逸散到大气中去。

一、分配作用

(一)有机污染物在沉积物(土壤)与水之间的分配作用

近几十年来,国际上众多学者对有机物的吸附分配理论开展了广泛研究。Lambert 等(1965)从美国各地收集了 25 种不同类型的土壤样品,测量 2 种农药(有机磷与氨基甲酸酯)在土壤与水间的分配,结果表明当土壤有机质含量为 0.5%～40% 时,其分配系数与有机质含量成正比。Karickhoff 等(1979)研究了 10 种芳烃与氯烃在池塘和河流沉积物上的吸着,结果表明当各种沉积物的颗粒物大小一致时, 其分配系数与沉积物中有机碳含量呈正相关。这些结果均表明,颗粒物从水中吸着憎水有机物的量与颗粒物中有机质含量密切相关。Chiou(1981)进一步指出,当有机物在水中含量增高接近其溶解度时,憎水有机物在土壤上的吸附等温线仍为直线(图 3-7)。这说明这些非离子性有机化合物在土壤-水平衡的热函变化在所研究的浓度范围内是常数,而且发现土壤-水分配系数与水中这些溶质的溶解度成反比,且土壤中的无机物对于憎水有机物表现出相当的惰性。但同样的有机物在活性炭上表现出具有高度非线性特征的吸附机制(图 3-8)。从温度关系来看,有机物在土壤上吸着时热熔变化不大,而在活性炭上热熔变化很大。由此 Chiou 等提出了在土壤(沉积物)-水体系中,土壤(沉积物)对非离子性有机物的吸着主要是溶质的分配过程(溶解)这一分配理论(partition-theory)。即非离子性有机物可通过溶解作用分配到土壤(沉积物)有机质中,并经过一定时间达到分配平衡,此时有机物在土壤(沉积物)有机质和水中含量的比值称为分配系数(K_p)。

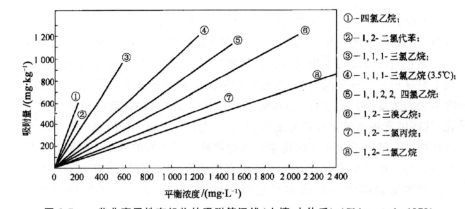

①-四氯乙烷;
②-1,2-二氯代苯;
③-1,1,1-三氯乙烷;
④-1,1,1-三氯乙烷 (3.5℃);
⑤-1,1,2,2,四氯乙烷;
⑥-1,2-三溴乙烷;
⑦-1,2-二氯丙烷;
⑧-1,2-二氯乙烷

图 3-7　一些非离子性有机物的吸附等温线(土壤-水体系)(Chiou et al,1979)

　　实际上,有机物在土壤(沉积物)中的吸着存在着两种主要机制:一种是分配作用,即在水溶液中,土壤有机质(包括水生生物、植物有机质等)对有机物的溶解作用,而且在整个溶解范围内,吸附等温线都是线性的,与表面吸附位无关,只与有机物的溶解度相关;另一种机理是吸附作用,即土壤矿物质靠范德华力对有机物的表面吸附,或土壤矿物质靠氢键、离子偶极键、配合键及 π 键等作用对有机物的表面吸附。其吸附等温线是非线性,并存在竞争吸附。

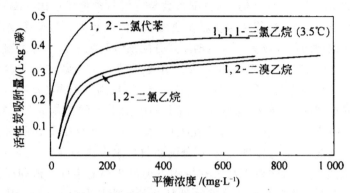

图 3-8　活性炭对一些非离子性有机物的吸附等温线（Chiou，1981）

有机污染物在沉积物（或土壤）-水体系中的分配系数表达式为

$$K_p = \frac{c_s}{c_w}$$

式中，c_s、c_w 分别表示有机污染物在沉积物中和水中的平衡浓度。

（二）生物浓缩因子（BCF）

有机污染物在生物水之间的分配称为生物浓缩或生物积累，这是研究有机污染物归趋的重要方面。生物浓缩因子定义为：有机污染物在生物体某一器官内的浓度与水中该有机物浓度之比，用符号 BCF 或 K_B 表示。表面上看这也是一种分配机制，然而生物浓缩有机物的过程是复杂的。由于有机物的浓度因其他过程（如水解、降解、挥发等）的存在随时间而显著变化，这些因素将影响有机物与生物相互之间达到平衡。有机物向生物体内部缓慢地扩散以及生物体内代谢有机物都能延缓平衡的到达。然而在某些控制条件下所得平衡时的数据也是很有用的资料，由此可以看出不同有机物向各种生物体内浓缩的相对趋势。目前，测定 BCF 有平衡法和动力学法。

二、挥发作用

挥发作用是有机物质从溶解态转入气相的一种重要迁移过程。在自然环境中，需要考虑许多有毒物质的挥发作用。挥发速率依赖于有毒物质的性质和水体的特征。如果有毒物质具有"高挥发"性质，那么显然在影响有毒物质的迁移转化和归宿方面，挥发作用是一个重要的过程。然而，即使毒物的挥发较小时，挥发作用也不能忽视，这是由于毒物的归宿是多种过程的贡献。

对于有毒物挥发速率的预测,可以得到:

$$\frac{\partial C}{\partial t} = -\frac{K_V\left(C - \dfrac{P}{K_H}\right)}{Z} = -K_V'\left(C - \frac{P}{K_H}\right) \tag{3-12}$$

式中,C 为溶解相中有机毒物的浓度;K_V 为挥发速率常数;K_V' 为单位时间混合水体的挥发速率常数;Z 为水体的混合深度;P 为在所研究的水体上面,有机毒物在大气中的分压;K_H 为亨利定律常数。

挥发速率公式表明,挥发速率与有机毒物本身的性质相关,同时与有机毒物在溶解相中的浓度相关,随着挥发过程的进行,浓度 C 在降低,当 $C = \dfrac{P}{K_H} = C_w$(平衡浓度)时,挥发速率为零,达到动态平衡;另外,挥发速率还与水体特征有关,水体越深,挥发速率越慢。

实际自然环境为开放体系。化合物在大气中的分压几乎为零,这样式(3-12)可简化为式(3-13):

$$\frac{\partial C}{\partial t} = -K_V' C \tag{3-13}$$

根据总污染物浓度(C_T)计算时,则式(3-13)可改写为式(3-14):

$$\frac{\partial C_T}{\partial t} = -K_{V,m} C_T$$

$$K_{V,m} = -K_V \alpha_w / z \tag{3-14}$$

式中,α_w 为有机毒物可溶解相分数。

为了预测无论是低或高的挥发作用的有机物的挥发速率,首先讨论亨利定律是必要的。注意,亨利定律(摩尔分数 $\leqslant 0.02$)所适用的相应浓度范围是 $34\,000 \sim 227\,000$ mmg·L^{-1},相应化合物的相对分子质量为 $30 \sim 200$。在使用亨利定律时需要注意:①只有溶质在气相中和液相中的分子状态相同时,亨利定律才能适用;②若溶质分子在溶液中发生离解、缔合等,则液相中的形态应是指与气相中分子状态相同的那一部分的含量;③在总压力不大时,若多种气体同时溶于同一液体中,亨利定律可分别适用于其中的任一种气体;④一般来说,溶液越稀,亨利定律越准确,在有机物在气相中的摩尔浓度趋向于 0 时,溶质能严格服从该定律,而溶液中溶质浓度很高时,则服从拉乌尔定律。

特别引人关注的是水体中有臭感的挥发性物质,它们主要是工业废水和生活污水中的含有物,也可能是水生生物的排泄物,或是微生物活动的产物。一般情况下,相对于宏大的环境体系的有机污染物浓度是很低的,而且发生在界面间的挥发过程所遇到的动力学阻力较大,所以在发生水体污时,水体上方空气中污染物浓度一般小到可忽视程度。但对具有很低臭阈值的有机污染物来说,已经足以造成环境危害。水体中有机污染物通过挥发而发生迁移时,其阻力来自界面两侧的水相和空气相,而迁移速率取决于水体和空气的湍流程度、该有机污染物的蒸气压、沸点、水溶性及接近界面区域的分子运动速率等。

从有机污染物本性看,蒸气压参数是决定其是否容易从水中向大气迁移的重要因素。乙酸丁酯在 20 ℃时的蒸气压为 1 333 Pa,由此定义任一溶于水中化合物的挥发率(ER)为

$$ER = \frac{\text{对象化合物在 20 ℃时的蒸气压(Pa)}}{1\ 333\ Pa}$$

例如,内酮、乙醚、正戊烷的 ER 值分别为 22.0、44.0 和 42.6 在衡量有机污染物挥发迁移能力时,仅考虑一个参数是不够的。例如乙醇 ER 值比甲苯大(分别为 4.3 和 2.2),但因乙醇在水中的溶解度很大,所以实际挥发能力要比甲苯小。

三、水解作用

水解作用是有机物与水之间最重要的反应。在反应中,有机物的官能团 X 和水中的 OHT 发生交换,整个反应可反映为:

$$RX + H_2O \rightleftharpoons ROH + HX$$

反应步骤还可以包括一个或多个中间体的形成,有机物通过水解反应而改变了原化合物的化学结构。对于许多有机物来说,水解作用是其在环境中消失的重要途径。在环境条件下,可能发生水解的官能团类有烷基卤、酰胺、胺、氨基甲酸酯、羧酸脂、环氧化物、腈、膦酸酯、磷酸酯、磺酸酯、硫酸酯等。下面列出几类有机物可能的水解反应的产物:

$$H_3C-CH_2-\underset{\underset{Br}{|}}{CH}-CH_3 \xrightarrow{H_2O} H_3CH_2C-\underset{\underset{OH}{|}}{CH}-CH_3 + Br^- + H^+$$

2-溴丁烷

$$C_6H_5-\underset{\underset{O}{\parallel}}{C}-OCH_3 \xrightarrow{H_2O} C_6H_5-\underset{\underset{O}{\parallel}}{C}-OH + CH_3OH$$

苯甲酸酯　　　　　苯甲酸　　　　醇

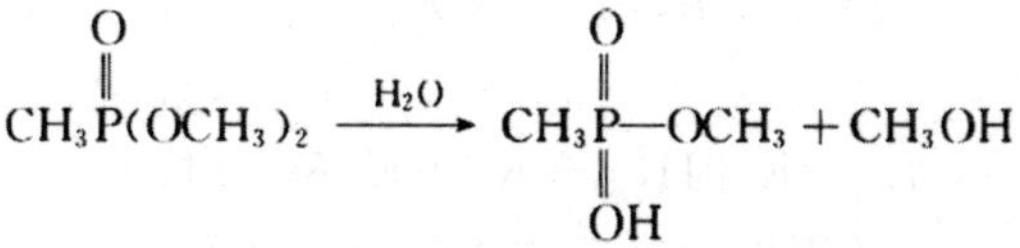

磷酸双酯 磷酸单酯 醇

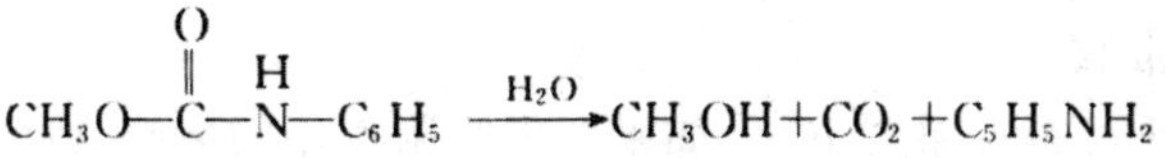

氨基甲酸酯 醇 苯胺

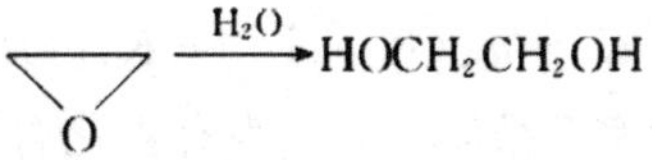

环氧乙烷 乙二醇

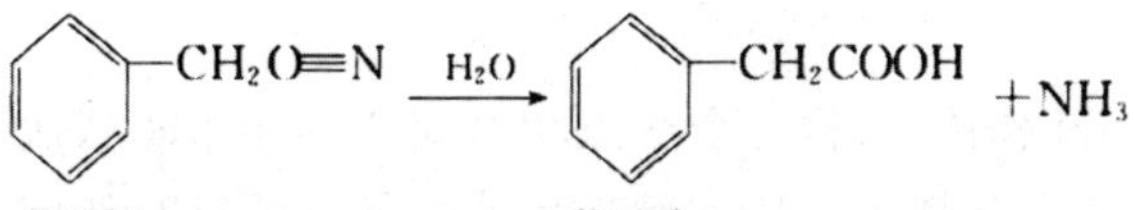

苯乙氰 苯乙酸

水解作用可以改变反应分子,但并不能总是生成低毒产物。例如 2,4-D 酯类的水解作用就生成毒性更大的 2,4-D 酸,而有些化合物的水解作用则生成低毒产物,例如:

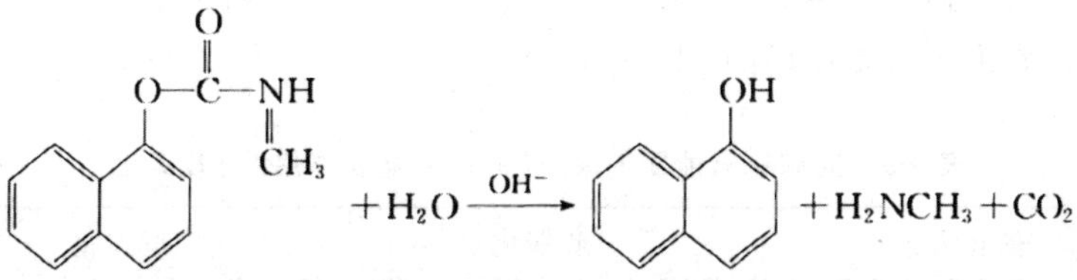

水解产物可能比原来的化合物更易或更难挥发,与 pH 有关的离子化水解产物的挥发性可能是零,而且水解产物一般比原来的化合物更易为生物所降解(虽然有少数例外)。通常测定水中有机物的水解是一级反应,RX 的消失速率正比于[RX],即:

$$-\frac{d[RX]}{dt} = K_h[RX]$$

式中,K_h 为水解速率常数。

一级反应有明显依属性,因为这意味着 RX 水解的半衰期与 RX 的浓度无关。所以,只要温度、pH 等反应条件不变,从高浓度 RX 得出的结果可外推出低浓度 RX 时的半衰期,即

$$t_{1/2} = 0.693K_h$$

实验表明,水解速率与 pH 有关。Mabey 等把水解速率归纳为由酸性或碱性催化的和中性的过程,因而水解速率可表示为

$$R_h = K_h[C] = \{K_a[H^+] + K_n + K_b[OH^-]\}[C]$$

其中

$$K_h = K_a[H^+] + K_n + K_b K_w/[H^+]$$

式中,K_h 为在某一 pH 下准一级反应水解速率常数;K_a、K_b、K_n 分别为酸性催化、碱性催化和中性过程的二级反应水解速率常数,可从实验求得;K_w 为水离子积常数。

改变 pH 可得一系列 K_h。如果考虑吸附作用的影响,则水解速率常数 (K_h)可写为

$$K_h = [K_n + a_w(K_a[H^+] + K_b[OH^-])]$$

式中,K_n 为中性水解速率常数,s^{-1};a_w 为有机化合物溶解态的分数;K_a 为酸性催化水解速率常数,$L(mol \cdot s)$;K_b 为碱性催化水解速率常数,$L(mol \cdot s)$。

由 $\lg K_h$-pH 作图,可得三个交点相对应于三个 pH 依次为 I_{AN}、I_{AB} 和 I_{NB}。Mabey 和 Mill 提出,pH 水解速率曲线可以呈现 U 形或 V 形(虚线),这取决于与特定酸、碱催化过程相比较的中性过程的水解速率常数的大小。I_{AN}、I_{AB} 和 I_{NB} 为酸、碱催化和中性过程对 K_h 有显著影响的 pH。如果某类有机物在图 $\lg K_h = $ pH 中的交点落在 pH 为 5~8 范围内,则在预言各水解反应速率时,必须考虑酸、碱催化作用的影响。表 3-3 列出了对有机官能团的酸、碱催化起重要作用的 pH 范围。

表 3-3　对有机官能团的酸、碱催化起重要作用的 pH 范围

催化方式	酸催化	碱催化
有机卤代物	无	大于 11
环氧化物	3.8[①]	大于 10
脂肪酸酯	1.2~3.1	5.2~7.1[①]
芳香酸酯	3.9~5.2[①]	3.9~5.0[②]
酰胺	4.9~7[①]	4.9~7[②]
氨基甲酸酯	小于 2	6.2~9[②]
磷酸酯	2.8~3.6	2.5~3.6

注:①水环境 pH 范围为 5~8,酸催化是主要的。
　　②水环境 pH 范围为 5~8,碱催化是主要的。

目前,只发现酸、碱催化的水解过程。有人发现某些金属离子能起催化作用,似乎仍然是金属离子水解而改变了溶液的 pH 所致。另外,在环境条

件下离子强度和温度影响不是很大。

最后,还需指出两点值得注意的地方:①这里所讨论的计算方法是指浓度很低($<10^{-6}$ mol·L^{-1}),而且溶解于水的那部分有机物,在大多数情况下,悬浮的或油溶的有机物水解的速率比溶解的要慢得多。②实验室测出的水解速率常数将其引入野外实际环境进行计算预测时,许多研究表明没有引起很大的偏差,只要水环境的 pH 和温度与实验室测得的一致可以直接引用。如果野外测出的半衰期比实验室测得的相差 5 倍以上,而且检验了两者的 pH 和温度是一致的,那么可以断定在实际水环境中,其他的过程如生物降解、光解或向颗粒物上迁移等改变了化合物的实际半衰期。

四、光解作用

阳光供给水环境大量能量,吸收光的物质将其辐射能转换为热能或化学能。植物通过光合作用从 CO_2 合成糖,而水中的有机污染物通过吸收光导致分子的分解,即众所周知的光解作用,它强烈地影响水体中某些污染物的去向。

光解作用是一个真正的污染物分解过程,因为它不可逆地改变了反应物分子。一个有毒化合物的光解产物可能还是有毒的,例如辐射 DDT 反应产生的 DDE,它在环境中滞留时间比 DDT 还长。因此,有机污染物的光解作用并不意味着是环境的去毒作用。

有机污染物的光解速率依赖于许多化学因素和环境因素。光的吸收性质、化合物的反应特性、天然水的光迁移特征以及阳光辐射强度等均是影响光解作用的重要因素。一般可把光解过程分为三类:直接光解、敏化光解(间接光解)和光氧化反应。下面就前两类光解过程进行讨论。

(一)直接光解

直接光解是水体中有机污染物分子吸收太阳光辐射(以光子的形式)并跃迁到某激发态后,随即发生离解或通过进一步次级反应而分解的过程。

水体中有机污染物接受太阳光辐射的情况与大气状况有关,还应考虑空气-水界面间的光反射、入射光进入水体后发生折射、光辐射在水中的衰减系数和辐射光程等特定因素。

(二)敏化光解(间接光解)

通过光敏物质吸收光量子而引发的反应作光敏化反应或间接光分解反应。如光敏物质能再生,那么它就起到了光催化作用,天然水体中普遍存在的腐殖质是水中光敏剂的主体,存在于海水或污水中的某些芳香族化合物,如核黄素虽然浓度很低,也可起光敏剂的作用。近期还有很多研究工作者致力于非均相的间接光分解反应。例如悬浮在水中的固体半导体物质微粒(TiO_2、ZnO、Fe_2O_3 和 CdS 等)能在光照条件下使卤代烃得以彻底催化光分解为 CO_2 和 HX,或能使水中存在的 CN^- 发生氧化。这类发现颇有实用意义,今后有希望被开拓成为一种处理水体污染物的技术。

上述 TiO_2、ZnO、Fe_2O_3 等光催化物质都具有半导体的性质,它们的颗粒表面有化学吸附水中分子氧并使之转化为 O_2 和 O^- 的功能。当以适宜波长的光照射这类吸附剂时,就会产生电子-空穴对,空穴经过迁移到达颗粒表面时,就会与被氧分子或原子所结合的电子结合。随着捕获电子的失落而释放的 O_2 或 O 即可与近旁的同被颗粒物吸附的有机污染物分子作用,而使后者发生降解反应。

在天然水体中还存在着一些浓度很低的强氧化剂,如 $HO \cdot$、O 等,它们本来就是直接光分解反应的产物(例如水中硝酸盐、亚硝酸盐直接光分解可产生 $HO \cdot$),通过它们与水中其他还原性物质之间发生的反应也可认为是一种间接的光解反应。

五、生物转化作用

生物转化是引起有机污染物转化为简单有机物和无机物的最重要的环境过程之一,是影响污染物的归宿和环境效应的最主要因素。水环境中有机物的生物转化是通过酶催化反应分解进行的。酶是高度专一的生物催化剂,因为酶的活性中心具有高度空间构象特征,只能与特定结构的分子作用。有研究指出,在生物转化作用中,存在着一些具有共同特征的速控步骤,一般是跨越膜的传质过程和围绕关键酶的反应过程。前者与有机物的憎水性有关,后者与有机物和关键酶的反应特性有关。如果酶反应不是速控步骤,应用模型就可以简化为仅仅与憎水性有关;如果酶反应是速控步骤,应用 QSBR 或 QSAR 模型,则可以识别分子结构与酶活性部位的关系,包括形状、电子特性和憎水特性等。

微生物多种多样,有机物的生物转化有两种代谢模式,生长代谢和共代谢,这两种代谢特征和转化降解速率极不相同。生长代谢即有机污染物在微生物代谢时作为食物源提供能量和生长基质。在生长代谢过程中微生物可对有毒物质进行较彻底的降解或矿化,因而是解毒生长基质。去毒效应和相当快的生长基质代谢意味着与那些不能用这种方法降解的化合物相比,对环境威胁小。而有机污染物不能作为微生物的唯一碳源与能源,必须有另外的化合物存在提供微生物碳源或能源时，该有机物才能被降解，这种现象称为共代谢。共代谢速率与微生物种群的多少成正比。

定性关系模型告诉我们，可从分子结构特征上初步判断生物转化降解程度的高低。结构特征主要有：分子含有碳原子数目；分子中环的数目；分子中含偶氮基团的数目；脂肪和芳香母体化合物的单取代基数目；取代基位置；结构复杂性和含有双键数目等。

从结构特征参数也可判断，如分子连接性指数；分子体积范德华半径和空间效应；红外光谱等。

可见，有机物分子结构影响生物转化，而微生物的种类也是主要影响因素。还有一些环境因素，如温度、pH、营养、好氧、厌氧等条件。

六、典型有机污染物的去除

（一）农药

大量农药通过直接、间接的途径进入水体，直接的如消灭蚊子等，间接的主要来自农田。有些农药的毒害问题来自农药生产的副产物。例如，六氯苯作为农药的原料在水中常能发现。以这种原料制造农药的工厂有副产物二噁英 TCDD（2,3,7,8-tetrachlorodibenzo-p-dioxin）排放到环境中，在农药厂附近的水中和鱼中均有发现，TCDD 是已知的最毒的化合物之一。

农药进入水体以后与水体中各类物质接触，发生一系列的物理、化学和生化反应，它们的行为可归纳为以下几个方面：被水体颗粒物质吸附、被生物吸附并积累、发生降解反应，使农药含量逐渐降低。

水体中溶解态农药的含量一般都比较低，这主要因为大多数农药属于非极性有机化合物。在水中的溶解度很低，其溶解度介于 mg·L^{-1}～μg·L^{-1}级的范围内。一些氯化碳氢化合物如狄氏剂、林丹（γ-六六六）等，在水中的溶解度均在 μg·L^{-1}级范围内。此外，水体中的悬浮物、沉积物等对农药有强烈的吸附作用，使沉积物中农药的含量一般要高于水相中农药含量。农药被吸附以后，能降低其迁移能力和生理毒性，但当被吸附的农药被其他的物质置换出来时，又恢复了它原来的性质。

农药的降解可以通过光化反应、氧化还原反应、水解反应和生化反应等实现。

农药的光化反应：用波长 254 nm 紫外光照射除草剂 2,4-D 水溶液，发现其光化反应比较快，过程为：

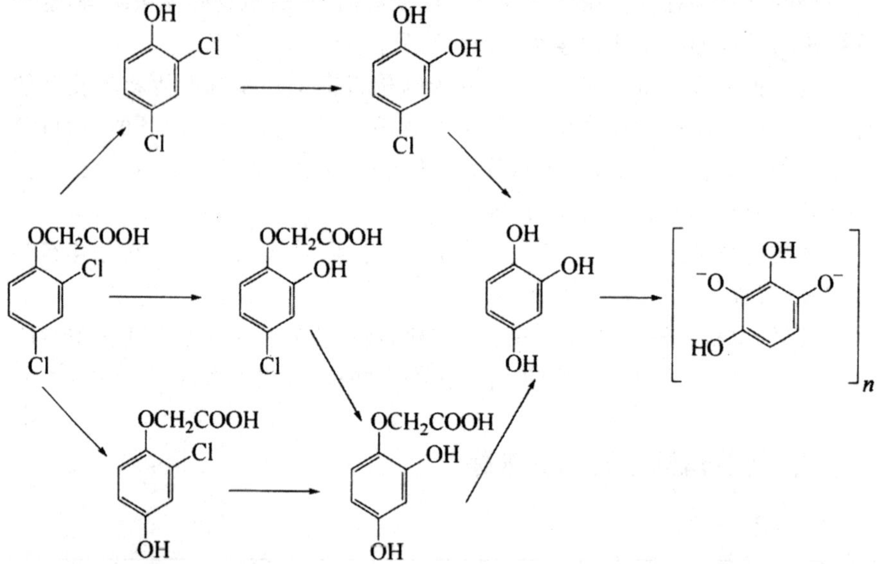

即 2,4-D 的乙酸基断裂,形成二氯苯酚,或 2,4-D 苯环上氯原子逐步被羟基取代,最终变成苯三酚并聚合为腐殖酸类化合物。

影响环境物质光化反应的因素除了光的波长、强度外,还与天然光敏剂的存在与否有关。

在光化反应中有些反应物不能直接吸收某波长的光进行反应。但如果有光敏剂存在,它能吸收这种波长的光,并把光能传递给反应物而发生光化反应。如叶绿素就是一种天然光敏剂,它能够吸收阳光中的可见光,并将光能传递给水和二氧化碳来合成糖和氧气,如果没有叶绿素,植物就不能利用水和二氧化碳吸收可见光来完成光合作用。

农药的水解反应例:有机磷农药较易水解,故作为农药使用,可减轻对环境的影响。如敌敌畏在酸性下可逐渐水解,而在中性、尤其在碱性下水解更快,其反应式如下:

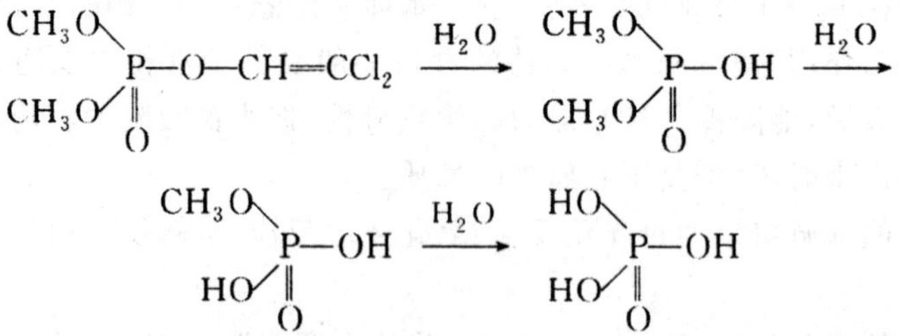

不同的有机磷农药有不同的水解速率,这在使用农药时必须加以考虑。表 3-4 列出部分有机磷酸酯杀虫剂的水解半衰期。

表 3-4　部分有机磷酸酯杀虫剂的水解半衰期

名称	$t_{1/2}$	名称	$t_{1/2}$	名称	$t_{1/2}$
亚胺硫磷	7.1 h	马拉硫磷	10.5 d	毒死蜱	53 d
氯亚磷	14.0 h	异氯硫磷	29 d	对硫磷	130 d

（二）洗涤剂

肥皂和合成洗涤剂的去污原理主要是由于胶束的乳化作用。为了说明其原理，先考察一下肥皂的结构，作为肥皂主要成分的硬脂酸钠具有一个羧基头和长长的碳氢尾巴，头亲水，尾巴憎水：

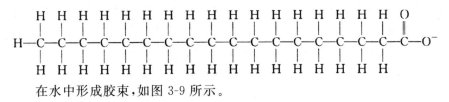

在水中形成胶束，如图 3-9 所示。

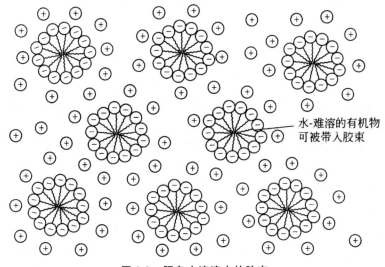

水-难溶的有机物可被带入胶束

图 3-9　肥皂水溶液中的胶束

肥皂能降低水的表面张力，使有机物进入胶束而被乳化。利用胶束增溶原理在比色分析中也有很多应用。

肥皂的不利方面是与 Ca^{2+}、Mg^{2+} 等生成固体沉淀物，留在衣服和洗衣机里，并消耗肥皂用量。由于肥皂在水体中会与 Ca^{2+}、Mg^{2+} 形成沉淀，因此在水中很少,加上生物降解,无甚环境问题。

合成洗涤剂具有很好的洗涤效果,也不会与"硬度离子"Ca^{2+}、Mg^{2+} 形成不溶盐。合成洗涤剂中的主要成分是表面活性剂,以前,最常用的表面活性剂为烷基苯磺酸钠,即 ABS,它的典型结构如下:

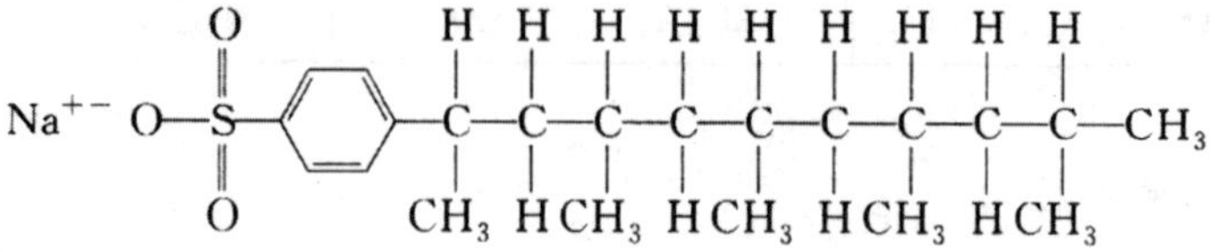

ABS 最大的弱点是因为它的支链结构不容易被生物降解,微生物在分解烷烃时偏爱直链型的,支链结构使微生物在攻击 β-碳原子时受阻。ABS 给水质带来的问题是出现泡沫、表面张力降低、胶体不易凝聚沉降、乳化油酸、损伤有用的细菌等。因此 ABS 逐渐被直链型的 LBS 所取代,LBS 的结构式如下:

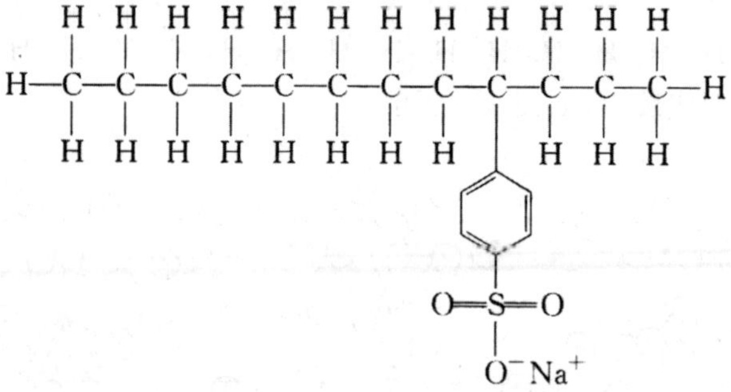

苯环的位置可以接于烷基链的任一个碳原子(除了端点)。采用 LBS 后,水中表面活性剂含量显著减少,水质情况大为改善。

现在由洗涤剂带来的环境问题主要不是表面活性剂,而是洗涤剂中的其他成分,它们的作用是软化水,增加碱性,改善洗涤效果等。其中对环境影响最大的是聚磷酸盐,它被认为是水中磷酸盐的主要来源,是加速水体富营养化的重要因素。有些国家用 NTA 取代聚磷酸盐,如加拿大和瑞典,NTA 与 Ca^{2+}、Mg^{2+} 有很好的络合能力,本身容易降解,但存在使底泥中的重金属重新溶出和迁移的问题。沸石由于具有很好的离子交换能力,而被广泛用来取代聚磷酸盐,作为洗涤剂的助剂。

七、新型持久性有机污染物的环境行为和生态效应

PFCs、PBDEs、PPCPs 等作为一类新型的持久性有机污染物(POPs)在水环境中广泛存在,它们在水环境中的存在形态、环境行为及对人体健康可

能带来的潜在危害尚不清楚,而且低浓度长期暴露会对生态环境产生多大危害尚不得而知,因此必须在今后的研究中给予高度关注。

PFCs 是一类生物积累强、对人体多脏器产生毒性的污染物,它在水中的溶解度大,可在水环境中长期存在,至今尚无适用于监测水环境 PFCs 污染简便易行的方法。因此,研究并建立环境中 PFCs 监测的标准定量方法已经成为当务之急,并在此基础上系统研究 PFCs 在水环境中的分布、存在形态、迁移转化规律及生态效应,研究它们的毒性效应和致毒机理,以及对生态环境和人体健康可能带来的潜在危害。

PBDEs 已被认为是一类在全球广泛存在的持久性有机污染物,目前研究主要集中在沉积物和大气方面,而在水体和土壤方面的研究非常有限。因此,今后应加强 PBDEs 及其代谢物在水体、土壤环境中的环境行为和生态效应方面的研究,特别是在电子工业发达和电子垃圾回收地区的污染现状,在生物和非生物介质中迁移转化和对生态环境、人体健康的潜在危害方面的研究:关注不同溴取代阻燃剂的长距离迁移能力、PBDEs 在水环境和生物体内的代谢转化途径及 PBDEs 母体和代谢转化产物(尤其是羟基化和甲基化产物)对低等水生生物的毒理效应及机制研究。

PPCPs 是国际上持久性有机污染物的另一个研究热点,深入开展抗生素在水环境中的迁移转化、环境暴露水平下典型抗生素水生态毒性与机制等方面的研究,建立生态风险评估和预测方法体系,为使用抗生素环境安全标准的修订和水环境标准制定提供科学依据。应特别重视长期滥用抗生素产生的抗生素抗性基因(antibiotic resistance genes,ARGs)对环境造成的潜在基因污染,这些基因污染物可以通过物种间遗传物质的交换无限制地传播,具有遗传性且很难控制和消除,一旦形成将对人类健康和生态系统安全造成长期不可逆的危害。世界卫生组织(WHO)将抗生素抗性基因列为21 世纪威胁人类健康最重大的挑战。因此,迫切需要开展抗生素抗性基因在环境中的来源、传播和扩散机制,以及其可能对生态环境和人体健康长期的潜在危害方面的研究。同时还应对个人防护品如紫外线防护剂、香料、染发剂等合成化学品对生态环境和人体健康的潜在危害开展研究。

纳米材料的广泛应用可导致纳米颗粒通过不同途径进入环境,纳米材料的环境行为及对环境和人类健康的潜在危害受到人们的关注。定量描述纳米颗粒在环境中的行为是评价环境风险的基础,但其独特的理化性质使传统的预测评价方法不完全适用于纳米颗粒,因此对纳米颗粒环境行为的定量描述还需要开展大量的研究。纳米材料生物毒性效应虽然开展了不少研究,但在实验室模拟研究中,纳米颗粒物浓度远高于实际环境,且毒性实验中一些干扰因素没有很好地排除,纳米颗粒自身毒性仍有待验证,现有研究很难阐明纳米材料的生态毒性效应和评价其安全性。因此,开展纳米颗粒毒性效应的定量表征和安全性评价研究仍是今后关注的重点。

第四节　水体富营养化过程

"营养化"是一种氮、磷等植物营养物含量过多所引起的水质污染现象,根据成因差异可分为天然富营养化与人为富营养化两种类型。

水体出现富营养化时,危害是多方面的:①破坏水产资源。藻类繁殖过快,占空间,使鱼类活动受限。溶解氧降低,使鱼类难以生存。②造成藻类种类减少。③危害水源。硝酸盐和亚硝酸盐对人、畜都有害。亚硝酸盐将血红蛋白的二价铁氧化为三价铁,使血红蛋白成为高铁血红蛋白,丧失输氧能力,造成机体缺氧。④加快湖泊老化的进程。

一、水华暴发机制和主要衍生物的生态危害

氮、磷富集导致水体富营养化被认为是国际上最普遍的水环境问题。营养盐的富集导致生态系统发生变化,但许多过程和现象的机制仍不清楚,所以蓝藻水华暴发机制和水体营养盐的富集对水生态系统的影响仍然是未来一段时间的研究热点。水华暴发主要衍生物藻毒素危及水质、生态系统及人类健康,目前主要集中在水质和微囊藻毒素生物累积调查,以及饮用水和渔产品的健康风险研究,需加强微囊藻毒素对整个水生态系统的结构与功能的影响,以及在水生生态系统各营养级水平的积累和传递作用方面的研究。而且,需要开展微囊藻毒素低剂量长期暴露对水生生物的毒理学研究,特别是野外原位条件下蓝藻水华暴发对水生生物造成的生态毒理效应研究,在分子水平上揭示其微观致毒机理,阐明其对水生生态系统的影响,建立适合我国国情的水华成灾的生态安全阈值指标体系,为控制和消除水华暴发产生的危害提供依据。同时,应关注因灌溉含有微囊藻毒素的湖水进入土壤而对土壤生态系统可能带来的影响。

二、藻类营养物质与水体富营养化

水体富营养化常指湖泊或水库中藻类过度生长最终导致水质恶化的现象,其表现为出现水华(water bloom)。水体富营养化也可以出现在缓流的江河和近海中。赤潮(red tide)就是海水富营养化的表现。由藻类分泌的

藻毒素由于其对水生生物和人体产生毒害作用而受到关注。

氮、磷等营养物质浓度过高是水体富营养化的主要原因。大量使用合成洗涤剂、农作物施肥后的流失、生活污水和工业造纸、食品等废水的增加均是大量氮、磷的来源,这些废水进入天然水体使营养物质增加,促使自养型生物旺盛生长,使某种藻类增加,而品种逐渐减少。

水体富营养化可用有关参数给以指示和分类,沃伦韦德(Vollenweider)提出的参数和分类等级如表 3-5 所示。

表 3-5　沃伦韦德提出的参数和分类等级

分类等级	初级生产量/(mgC·m^{-2}·d^{-1})	总磷/(mg·L^{-1})	α-叶绿素/(μg·L^{-1})
贫营养	0～136	<0.01	0.3～2.5
中等营养		0.01～0.03	1～15
富营养	410～547	>0.03	5～140

其中水体初级生产量是指 1 m^2 水面水柱中植物光合作用固定碳的质量(mg)。在光合作用中阳光被吸收产生绿色植物,可用下式简单表示:

$$CO_2 + H_2O + 微量元素(N、P 等) + 能量 \longrightarrow 碳水化合物 + 蛋白质 + 脂肪 + O_2$$

绿色植物

可见,绿色植物产量,或者说绿色植物固定碳的量与氧产量有关。假定水生植物光合作用的理想反应式为

$$CO_2 + H_2O \longrightarrow \{CH_2O\} + O_2$$

则通过测定水体产生的氧量,可算出水体每天固定的碳量。水体 α-叶绿素含量能确定该水体中绿色植物体的含量。α-叶绿素值大,水体绿色植物体含量多;反之,则少。α 叶绿素的含量测定,可通过用丙酮提取色素后测其可见光吸收率。

不少水体富营养化指标中还包括无机氮含量参数。但其规定值都远远大于总磷规定值。说明在引起水体富营养化过程中,磷的作用远远大于氮的作用。当然,不能因此而忽视高浓度氮的作用。应当指出,判断水体富营养化的指标都是统计方法得出的一般规律,所以应根据各地实际情况加以改进而应用。

第四章 土壤环境化学

土壤是地球表面具有肥力、生长植物的疏松层。对于人类和陆生生物而言,土壤是岩石圈中最重要的部分。与地球直径相比地表土壤的厚度仅为十几厘米,相比之下微乎其微,但正是这薄薄的一层土壤,才使得地球上有了广袤的森林、农田和草原,人类得以从中获取宝贵的生产和生活资源,拥有肥沃的土壤及与之相适宜的气候,对一个国家来说是一笔珍贵的财富。土壤既是生产食物的场所,同时也是大量污染物的接纳场所,例如化肥、杀虫剂、从工厂排放出的烟雾及其他一些污染物质进入土壤后造成土壤污染,并在循环过程中造成水、大气和生物体污染。

第一节 土壤的形成、结构及其组成

一、土壤的形成

土壤的形成(The formation of soil)经历了漫长的过程。首先是因火山活动和地壳运动将地壳中的长石、辉石、角闪石、云母等翻到地表上来,这种由高温高压向常温、常压的转变使这些矿石破碎,造成了以更大的接触面积与空气、水相作用,从而加速了风化的过程,形成早期的土壤(图 4-1)。

H_2O、O_2、CO_2 是和矿石反应的主要物质,所以水解速度、氧化速度及碳化速度决定着矿石的风化速度。然而更重要的是矿石的晶体结构,这是决定风化速度最主要的因素。

以橄榄石为例,其化学组成是$(Mg \cdot Fe)SiO_4$,晶面上的 Mg^{2+}、Fe^{2+}、SiO_4^{4-} 部分暴露在水、空气中,便有如下反应:

$$(Mg \cdot Fe)SiO_4(s) + 4H^+(aq) \longrightarrow Mg^{2+}(aq) + Fe^{2+}(aq) + H_4SiO_4(aq)$$

$$2(Mg \cdot Fe)SiO_4(s) + 4H_2O \longrightarrow 2Mg^{2+}(aq) + 2OH^-(aq) +$$
$$Fe_2SiO_4(s) + H_4SiO_4(aq)$$

$$2(Mg \cdot Fe)SiO_4 + \frac{1}{2}O_2(g) + 5H_2O \longrightarrow Fe_2O_3 \cdot 3H_2O(s)$$

$$+ Mg_2SiO_4(s) + H_4SiO_4(aq)$$

风化反应放出来的 Fe^{2+}、Mg^{2+} 被植物吸收,而 $Fe_2O_3 \cdot 3H_2O$ 形成新矿,SiO_4^{4-} 可形成硅酸盐,或与别的阳离子形成新矿。部分 Mg^{2+} 随着水迁移,最后到海洋中去。

辉石、闪石、黑云母、石英的结构比橄榄石更致密,所以风化速度也依次减小。水不仅是初步风化的重要因素,也是加深风化的重要因素,这是因为水可以将风化过程中的离子迁出风化位置,从而促使风化反应的进一步进行,同时矿石吸附水分,促使矿石剥落,H^+ 更易与矿石表面接触,加深风化的程度。

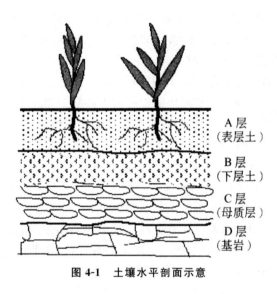

A 层
（表层土）

B 层
（下层土）

C 层
（母质层）

D 层
（基岩）

图 4-1　土壤水平剖面示意

我们可以将风化程度分为三个阶段,每个阶段具备的母矿成分不同,表 4-1 综合了这些情况。

表 4-1　不同风化阶段的代表矿和典型土壤

风化阶段	代表矿物	典型土壤
早期风化阶段	石膏（岩盐、$NaNO_3$） 方解石（白云石、磷灰石） 橄榄石-角闪石（辉石） 黑云母（海绿石等） 长石（钙长石、正长石等）	遍布世界的所有幼龄土含有部分黏土和以这些矿为主的细淤泥,沙漠土只含有少量水分且风化程度最浅

续表

风化阶段	代表矿物	典型土壤
中期风化阶段	石英 白云母(伊利云母) 2:1型硅酸盐(蛭石水云母) 蒙脱土	以这些矿为主的细淤泥,温带草原及树林带的黏土成分,产麦区及产玉米区的土
晚期风化阶段	高岭土 水铝矿 赤铁矿(针铁矿、褐铁矿) 锐钛矿(金红石、锆石)	热、湿的赤道区的土,特点是十分贫瘠

可见,岩石的风化为陆地植物的生长提供了基础。再经过根部作用,动植物尸体分解产物以及微生物进一步使原始土壤风化,本身也成为土壤的一部分,逐步形成现代的土壤。

典型的土壤随着深度变化呈现不同的层,如图 4-1 所示。这些层称为"土壤发生层"。层的形成是风化过程所发生的复杂相互作用的结果。如雨水经过土壤渗透的过程中,携带着可溶解物质和胶体固态物质渗透到下层,并在下层沉积;生物过程中,残留生物经过细菌作用分解产生酸性 CO_2、有机酸和复杂的化合物,这些物质也可由雨水携带渗透到下层,并与下层的黏土及其他矿物互相作用,而改变矿物的组成。土壤上层几英寸厚的土称 A 层或表层土。这一层是土壤中生物最活跃的一层,土壤有机质大部分在这一层。在这一层中金属离子和黏土粒子被淋溶得最显著。下一层为 B 层,也称为下层土,它受纳来自上层淋溶出来的有机物、盐类和黏土颗粒物。第三层为 C 层,也称母质层,是由风化的成土母岩构成。

母岩层下面为未风化的基岩,常用 D 层表示。

土壤是一个开放体系,与大气圈、水圈及生物圈进行着频繁的物质和能量交换。

二、土壤的结构

土壤是由地球表面岩石在自然条件下经过长期的风化作用而逐渐形成的,土壤在垂直方向的剖面可以清楚地看到成土作用过程所遗留的痕迹。

典型的土壤一般分为六层:最上层是枯枝落叶层(O 层),由地面上的植物枯枝落叶组成;第二层是腐殖质层(A 层),该层位于地表最上端(表层土壤),是腐殖质聚集区,受农耕影响最大,厚度大约是 20 cm,其特点是土层疏松、多孔,干湿交替频繁,温度变化小,透气性良好,物质转化快,腐殖质等养分含量高,植物的根系主要集中在这一层,为植物生长提供较多必需的营养元素,特别是氮;第三层是淋溶层(E层),从上面渗漏下来的水将有机物和矿物冲淋到更下面的土里;第四层是淀积层(B层),该层是黏土颗粒物沉积区,厚度大约是20~40 cm,该层黏粒沉积,土质紧密、空隙度小、通气性差、透水性差、呈片状结构,该层是阻断水、无机盐和有机物向下扩散的重要层;第五层是风化层(C层),也叫母质层,是土壤最底部的一层,由风化的成土母岩构成,它受地表气候影响小,土质坚实,物质转化慢,含有的营养成分极少;第六层是岩石层(R层)。假使土壤剖面底部没有基岩,而是被搬运过的淀积层,同样可划为 A 层、B 层、C 层。

三、土壤的组成

土壤是由固相、液相、气相构成的复杂的多相疏松多孔体系,如图 4-2 所示。

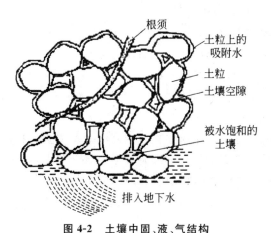

根须
土粒上的吸附水
土粒
土壤空隙
被水饱和的土壤
排入地下水

图 4-2　土壤中固、液、气结构

(摘自 S.E.Manahan,2000)

土壤固相包括矿物质、有机质和土壤生物。典型可耕性土壤的固相中有机质约占 5%,无机物质约占 95%;有些土壤像泥炭型土壤,有机质差不多占 95%;有些土壤有机质仅为 1%。土壤液相是指土壤中水分及其水溶物。土壤气相是指土壤孔隙中所存在的多种气体的混合物。

(一)土壤矿物质

土壤矿物质是岩石经物理和化学风化作用形成的。按其成因可分为原生矿物和次生矿物两类。

(1)原生矿物。岩石经物理风化作用破碎形成的碎屑,即在风化过程中未改变化学组成和结构的原始成岩矿物。土壤中原生矿物主要有四类。

①硅酸盐类矿物。如长石($KAlSi_3O_8$)、云母[(KSi_3Al)Al_2O_{10}(OH)]、辉石($MgSiO_3$)等,它们易风化而释放出 K、Mg、Al、Fe 等植物所需无机营养物质。

②氧化物类矿物。如石英(SiO_2)、金红石(TiO_2)、赤铁矿(Fe_2O_3)等稳定而不易风化的物质。

③硫化物类矿物。如土壤中通常只含铁的硫化物。即黄铁矿和白铁矿,二者为同质异构体,化学式均为 FeS_2,易风化,是土壤中硫元素的来源。

④磷酸盐类矿物。如氟磷灰石[Ca_5(PO_4)$_3F$]、氯磷灰石[Ca_5(PO_4)$_3Cl$]、磷酸铁($FePO_4$)、磷酸铝($AlPO_4$)等,是土壤无机磷的主要来源。

(2)次生矿物。这类矿物是由原生矿物经化学风化后形成的新矿物,其化学组成和晶体结构均有所改变,因此有晶态和非晶态之分。土壤中次生矿物种类很多,通常可分为三类。

①简单盐类。如方解石($CaCO_3$)、白云石($CaCO_3 \cdot MgCO_3$)、石膏($CaSO_4 \cdot 2H_2O$)、泻盐($MgSO_4 \cdot 7H_2O$)、芒硝($Na_2SO_4 \cdot 10H_2O$)等。

②三氧化物。如针铁矿($Fe_2O_3 \cdot H_2O$)、褐铁矿($2Fe_2O_3 \cdot 3H_2O$)、三水铝石($Al_2O \cdot 3H_2O$)等,它们是硅酸盐类矿物彻底分解产物,这类次生矿物属非晶态矿物。

③次生铝硅酸盐类。土壤中次生铝硅酸盐类主要包括高岭石、伊利石、蒙脱石。它们是由长石等原生硅酸盐矿物在不同的风化阶段形成的,属晶态次生矿物,其结构将在土壤无机胶体中详细介绍。

次生矿物为土壤提供了氧、硅、铝、铁、钠、钾、钙和镁等基本的元素。

(二)土壤有机质

土壤有机质是土壤中含碳有机化合物的总称。主要由进入土壤的植物、动物及微生物残体经分解转化逐渐形成的。可分为两类:一类为非腐殖质,约占土壤有机质总量的 30%~40%,包括糖类、蜡质、树脂、脂肪、含氮化合物、含磷化合物等;另一类为腐殖质,是由植物残体中稳定性较大的木质素及其类似物,在微生物作用下,部分氧化而形成的特殊有机化合物,约占土壤有机质总量的 60%~70%,腐殖质中能溶于碱的部分为腐殖酸(胡敏酸)和富里酸,不溶解部分为腐黑物。土壤有机质一般占土壤总质量的 5%左右,其含量虽不高,但有机质对土壤的一系列物理化学性质有很大的影响,对土壤肥力有重要作用。土壤有机质的化学成分及性能见表 4-2。

表 4-2　土壤中主要有机物种类

土壤有机质	化合物类型	成分	性能
腐殖质	胡敏酸、富里酸、腐黑物	难降解的植物腐烂残余物,含大量的 C、H 和 O	可以丰富土壤的有机组分,改善土壤物理性质,促进营养物质交换、固定和吸附
非腐殖质	脂肪、树脂和蜡质等	可由有机溶剂萃取的类脂化合物	土壤微生物的主要养料
	糖类	纤维素、淀粉、半纤维素、果胶等	土壤微生物的主要食物源
	含氮有机化合物	蛋白质、氨基酸、氨基糖腐殖质等	为土壤生产提供氮肥
	含磷化合物	磷酸酯、磷脂、肌醇、单宁等	植物磷元素的来源

(三)土壤溶液

土壤溶液是土壤水分及其所含溶质的总称。存在于土壤孔隙中,土壤孔隙中的水在重力、土粒吸附力、毛细管力等共同作用下,表现出不同的物理状态。据此可将土壤水大致分为下列类型。

由土壤水分和其中所含水的溶质组成了土壤溶液。土壤溶液的形成是土壤三相间进行物质和能量交换的结果。因此土壤的化学组成非常复杂,常见的溶质有如下几种。

①可溶性气体,如 CO_2、O_2、N_2,它们的溶解度大小顺序为 $CO_2 > O_2 > N_2$。

②无机盐类离子。阳离子有 Ca^{2+}、Mg^{2+}、K^+、NH_4^+、H^+,少量 Fe^{3+}、Fe^{2+}、Al^{3+} 和微量元素离子;阴离子有 HCO_3^-、CO_3^{2-}、NO_2^-、NO_3^-、HPO_4^{2-}、$H_2PO_4^-$、PO_4^{3-}、Cl^-、SO_4^{2-}。

③无机胶体,铁、铝、硅水合氧化物。

④可溶性有机物,富里酸、氨基酸及各种弱酸、糖类、蛋白质及其衍生物、醇类。

⑤配合物铁、铝有机配合物。

土壤溶液浓度和成分随土壤种类不同而有很大差异。除盐碱土和刚施过肥的土壤外,土壤溶液的溶质浓度一般约为 0.1%～0.4%。

(四)土壤空气

土壤空气是土壤的重要组成。土壤空气的组成和大气的组成大同小异。但略有如下差异:土壤空气是不连续的;湿度较高;由于有机物腐烂,使土壤空气中 O_2 含量较少,而 CO_2 浓度显著偏高;土壤空气中还含有少量 CH_4、H_2S、H_2 等还原性气体,有时还可能产生 PH_3、CS_2 等气体。

第二节　土壤的主要性质

一、土壤的吸附作用

土壤具有滞留固态、液态及气态物质的能力,称为土壤的吸附性能,土壤的吸附性能与土壤胶体的性质有关。土壤胶体具有巨大的比表面积和表面电性。比表面积与胶体颗粒的大小和形状有关;表面电性则主要由颗粒表面离子发生同晶置换及表面官能团发生电离而引起,前者产生永久电荷,后者则受 pH 的制约。

(一)土壤胶体类型

土壤胶体是指土壤中具有胶体性质的微粒。土壤中的黏土矿物和腐殖质都具有胶体性质。

(1)有机胶体。土壤有机胶体主要是腐殖质。腐殖质胶体属非晶态的无定形天然有机物质,具有巨大的比表面积,其范围为 350 $m^2 \cdot g^{-1}$ 左右(BET 法),由于胶体表面羧基或酚羟基中 H^+ 的电离,使腐殖质带负电荷,并表现出较高的阳离子交换性。

腐殖质中可溶部分化合物称腐殖酸(又称胡敏酸)和富里酸(又称黄腐酸),不溶部分称为胡敏素(又称腐黑物)。腐黑物与土壤矿物质结合紧密,因此对土壤吸附性能的影响不明显。腐殖酸和富里酸的特点是官能团多,通常含有羧基、酚羟基、羟基、羰基、醌基、氨基等官能团,使得胶体带有较大负电量,成为土壤胶体吸附过程中最活跃的部分,具有较高的阳离子吸附量。

腐殖酸和富里酸的主要区别如下:富里酸既能溶于碱又能溶于酸,因此移动性较强;并有大量的含氧功能团及较大的阳离子交换容量。因此,富里酸对重金属等阳离子有很高的螯合和吸附能力，其螯合物一般是水溶性的，易随土壤溶液运动，可被植物吸收，也可流出土体，进入水、大气等环境介质。

（2）无机胶体。无机胶体包括次生黏土矿物和铁、铝、硅等水合氧化物。水合氧化物胶体是岩石矿物在风化、成土过程中释放出硅、铁、铝的氧化物及氢氧化物。在土壤离子交换中具有重要作用。次生黏土矿物主要有蒙脱石、高岭石、伊利石，由硅氧四面体（硅氧片）和铝氧八面体（水铝片）的层片组成，根据构成晶层时两种层片的数目和排列方式不同，黏土矿物通常分为1∶1型和2∶1型两种，高岭石为1∶1型矿物，伊利石、蒙脱石是2∶1型矿物。这些黏土矿物因其具有很大的表面积，对土壤分子态、离子态污染物有很强的吸附能力，是土壤中非常重要的一类无机胶体。

"高岭石"是因产于我国江西省景德镇一个名叫高岭村的地方而得名的，此地盛产一种白色瓷土，其主要成分即为高岭石。高岭石为1∶1型层状硅酸盐矿物，理想化学式为 $Al_4Si_4O_{10}(OH)_8$，亦可写为 $Al_2O_3 \cdot 2SiO_2 \cdot 2H_2O$，其理论化学成分是：$SiO_2$ 46.5%，Al_2O_3 39.53%，H_2O 13.95%，其结构单元层是由 $Al\text{-}O_2(OH)_4$ 八面体片和 Si-O 四面体片组成，且结构单元层顶底二面的组成不同，一面全由 O 原子组成，另一面全由 OH 基团组成。OH 原子面与 O 原子面直接接触，通过氢键紧紧连接，所以晶层内解理（矿物受力时，容易在平行某一晶面方向破裂，这种性质叫作解理）完全而缺乏膨胀性。高岭石的晶体结构示意见图4-3。

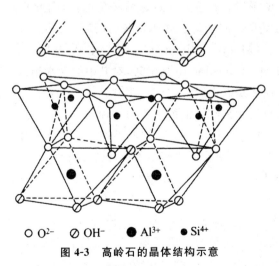

○ O^{2-}　⊘ OH^-　● Al^{3+}　· Si^{4+}

图4-3　高岭石的晶体结构示意

"伊利石"一词是 Grim、Bradley 和 Brindley 于1937年提出的，用来表示细小黏土粒级的云母泥质沉积物。伊利石在沉积岩中是分布最广泛的一类黏土矿物,从结构上讲它属于云母类。伊利石的结构见图 4-4。

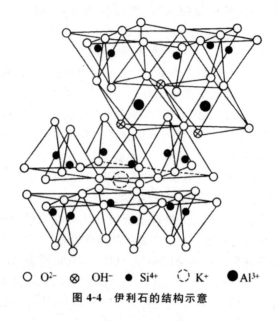

○ O²⁻ ⊗ OH⁻ ● Si⁴⁺ ⟲ K⁺ ●Al³⁺

图 4-4　伊利石的结构示意

伊利石属于 2∶1 型层状硅酸盐矿物,不膨胀的二八面体,由于在其硅氧八面体片中广泛存在 Al^{3+}-Si^{4+} 的类质同象置换,同时在少数伊利石的铝氧八面体片中存在 Mg^{2+}-Al^{3+} 等类质同象置换,因此伊利石总是带有一定的净负电荷。由于伊利石带有一定量的净负电荷,因此它总会在层间吸附部分 K^+,并且其层与层之间是靠层间 K^+ 连接起来的。

矿物蒙脱石(Montmorillonite)是 1847 年 A. A. Damour 和 D. Saluetat 在研究法国的 Montmorillonite 黏土时,对其中的含水铝硅酸盐矿物所取的名称。蒙脱石往往是以膨润土矿床的形式产出,因此蒙脱石是膨润土的主要成分。蒙脱石是无机胶体中最重要的一种。

蒙脱石属 2∶1 型的二八面体结构,即两层硅氧四面体一层铝氧八面体组成结构单元层,结构单元层之间由氧层相连。如图 4-5 所示。

1978 年 R. E. Grim 和 Guven 提出二八面体蒙脱石的一般晶体化学式为:

$$(M_{x+y}^+ \cdot n\,H_2O)(R_{2-y}^{3+}R_y^{2+})[(Si_{4-x}Al_x)O_{10}](OH)_2$$

结构单元层中阳离子的类质同象置换,常使其内部电荷未达平衡,出现一定数量的层电荷,因此会吸附水化或无水化阳离子、极性分子进行补偿,致使层面方向产生膨胀性和分散性。

蒙脱石颗粒端面、层面带有两种不同性质的电荷,裸露在边缘的铝八面体的电荷随 pH 变化而变化,属可变电荷;而面电荷是由晶格类质同象所致,电荷密度、性质与 pH 关系不大,属永久性电荷。蒙脱石特殊的结构性质,使它具有很好的阳离子交换性能。

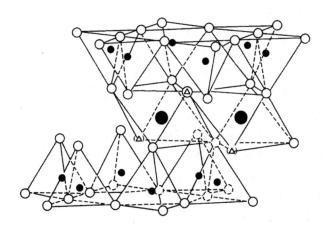

变换性阳离子·$n\mathrm{H_2O}$

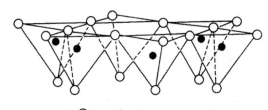

$\bigcirc$ = O^{2-}

$\triangle$ = OH^-

● = Al^{3+},Fe^{3+},Fe^{2+},Mg^{2+}

• = Si^{4+} （有时为 Al^{3+}）

图 4-5 蒙脱石的结构示意

（二）土壤胶体的性质

（1）土壤胶体表面带有电荷。土壤胶体表面的电荷可分为永久电荷和可变电荷。所带电荷的性质主要决定于胶粒表面固定离子的性质。

通常晶质黏土矿物带有负电荷,主要是由晶格中的同晶置换或缺陷造成的电荷位。如硅氧四面体中四价的硅被半径相近的低价阳离子 Al(Ⅲ)、Fe(Ⅲ)取代,或铝氧八面体中三价铝被 Mg(Ⅱ)、Fe(Ⅱ)等取代,就产生了过剩的负电荷,所产生负电荷的数量取决于晶格中同晶置换的离子多少,与介质 pH 无关,也不受电介质浓度的影响,为永久电荷。层状黏土矿物中,

2∶1型矿物的永久电荷较多,1∶1型矿物永久电荷较少。

金属水合氧化物表面是由金属离子和氢氧基组成的,OH^-暴露于表面。如铁、铝水合氧化物和氢氧化物胶体以及层状铝硅酸盐边角断键裸露部位表面上就存在铝醇($Al-OH$)、铁醇($Fe-OH$)、硅醇($Si-OH$)等,是一种极性的亲水性表面;另外土壤中铁、铝水合氧化物($Fe_2O_3 \cdot nH_2O$,$Al_2O_3 \cdot nH_2O$)属两性胶体,其电性随土壤pH的变化而变化。原因在于这些胶粒表面裸露着许多—OH,当介质pH变化时,—OH发生不同方式的电离。当胶体所带正、负电荷相等而失去电性时,介质的pH称为等电点。如$Al(OH)_3$的等电点约为$4.8\sim5.2$,Fe_2O_3为3.2。当介质pH大于等电点时,从OH^-基中电离出H^+,使胶粒带负电荷;当介质pH小于等电点时,OH^-基整个电离,使胶粒带正电荷,此时胶粒会吸附土壤中带负电荷的离子。因此两性胶体在不同酸度条件下可以带负电,也可以带正电,例如$Al(OH)_3$在酸性或碱性介质中可呈不同电荷。

在介质为酸性环境中:
$$Al(OH)_3 + H^+ \rightleftharpoons Al(OH)_2^+ + H_2O$$

在介质为碱性环境中:
$$Al(OH)_3 + OH^- \rightleftharpoons Al(OH)_2O^- + H_2O$$

当$Al(OH)$手固定在胶核表面,胶体带正电,当$Al(OH)_2O^-$(或AlO_2^-)固定在胶核表面,胶体带负电。土壤从酸性到碱性,胶体电荷也随之由正变到负。

(2)分散性和凝聚性。胶体微粒分散在水中成为胶体溶液称为溶胶;胶体微粒相互凝聚呈无定形凝胶体称为凝胶。由溶胶凝聚成凝胶的作用称凝聚作用。由凝胶分散成溶胶的作用称为分散作用。

溶胶的形成是由于胶体带有相同电荷和胶粒表面水化膜的存在。相同电荷胶粒电性相斥,水膜的存在则妨碍胶粒的相互凝聚。因此,加入电解质或增大电解质浓度,不但能中和胶粒的电荷,而且使胶粒水化膜变薄,促进胶体发生凝聚。

(三)土壤的吸附与交换性能

土壤的吸附机理可分为机械阻留和物理吸附、化学反应吸附及离子交换吸附三种类型。

(1)机械阻留和物理吸附作用。土壤颗粒是具有多孔和较大表面能的体系,处于表面的分子常因受力不均产生剩余力,从而产生表面能。土壤可通过机械阻留或对分子态物质的物理吸附作用阻留各种物质。机械阻留对不溶性颗粒物的作用最显著。

（2）化学反应吸附。指土壤中可溶物经化学反应转化为沉淀的过程。例如

$$2CaCO_3 + Ca(H_2PO_4)_2 \!=\!=\!= Ca_3(PO_4)_2 \downarrow + 2H_2O + 2CO_2 \uparrow$$

$$Al^{3+} + PO_4^{3+} \!=\!=\!= AlPO_4 \downarrow$$

（3）离子交换吸附。土壤胶粒带有电荷，并具有双电层结构，因此具有从土壤溶液中吸附和交换同号离子的能力。

①阳离子交换吸附。土壤胶体所吸附的阳离子和土壤溶液的阳离子进行交换，例如 NH_4Cl 处理土壤，NH_4^+ 将把土壤胶体表面的阳离子取代，例如

$$\boxed{胶核} \cdot M^{n+} + nNH_4^+ \Longleftrightarrow \boxed{胶核} \cdot nNH_4^+ + M^{n+}$$

M^{n+} 表示 Al^{3+}、Fe^{3+}、Ca^{2+}、Mg^{2+}、K^+、Na^+、H^+ 等离子，反应中 NH_4^+ 进入胶核的过程称为交换吸附；而 M^{n+} 被置换进入溶液的过程称为解吸作用。交换反应在阳离子间等当量进行，反应是可逆过程，可以用可逆平衡关系来表示反应进行的程度。

土壤胶体吸附的交换性阳离子除 K^+、Na^+、Ca^{2+}、Mg^{2+}、NH_4^+ 等离子外，还有 H^+ 及 Al^{3+}。阳离子交换量（cation exchange capacity）是上述交换阳离子的总和。H^+ 及 Al^{3+} 虽非营养元素，但它们对土壤的理化性质和生物学性质影响很大，对重金属在土壤中的净化作用也有直接关系。上述离子中，K^+、Na^+、Ca^{2+}、Mg^{2+}、NH_4^+ 称为盐基离子。

在吸附的全部阳离子中，盐基离子所占的百分数称为盐基饱和度。

$$盐基饱和度 = \frac{交换盐基离子总量（mmol/100\ g\ 土）}{阳离子交换总量（mmol/100\ g\ 土）} \times 100\%$$

通常较高交换量和盐基饱和度的土壤不但能固定养分，还能不断解吸供应养分，使土壤具有良好的保肥与供肥性能。对于重金属的轻度污染也有良好的净化作用而不破坏土壤本身的结构、改变土壤的物理化学性质。

②阴离子交换吸附。已经指出土壤胶体主要带负电，但在酸性土壤中，也有带正电的胶体，因而能进行阴离子交换吸附。

阴离子交换和阳离子交换一样，也是可逆过程，服从质量作用定律。但是土壤阴离子交换时，常伴随有化学固定作用，因此不像阳离子交换有明显的当量交换关系。例如：

$$\boxed{土壤胶核}\!<\!\!\begin{array}{c} OH \\ OH \\ OH \end{array} + KH_2PO_4 \longrightarrow \boxed{土壤胶核}\!<\!\!\begin{array}{c} O \\ O \end{array}\!\!>\!P\!=\!O + KOH + 2H_2O$$

$$Ca(H_2PO_4)_2 + 2Ca(HCO_3)_2 \longrightarrow Ca_3(PO_4)_2 \downarrow + 4H_2O + 4CO_2 \uparrow$$

$$Fe^{3+} + PO_4^{3-} \longrightarrow FePO_4 \downarrow$$
$$Al^{3+} + PO_4^{3-} \longrightarrow AlPO_4 \downarrow$$

自然界中,土壤的吸附作用是依靠土壤中的无机和有机成分的电性和土壤胶体产生静电引力、形成氢键、离子交换及络合等作用进行的。

二、土壤的酸碱性

土壤的酸碱性是土壤的重要理化性质之一,土壤的酸碱性受土壤微生物的活动、有机物的分解、营养元素的释放和土壤中元素的迁移、气候、地质、水文等因素的影响。土壤的酸碱度可以划分为九级,见表 4-3。

表 4-3　土壤的酸碱度分纽

pH	土壤的酸碱度	pH	土壤的酸碱度	pH	土壤的酸碱度
<4.5	极强酸性土	6.0～6.5	弱酸性土	7.5～8.5	碱性土
4.5～5.5	强酸性土	6.5～7.0	中性土	8.5～9.5	强碱性土
5.5～6.0	酸性土	7.0～7.5	弱碱性土	>9.5	极强碱性土

（一）土壤的酸度

根据氢离子存在的形式,土壤酸度可分为活性酸度和潜性酸度两类。

(1)活性酸度。又称有效酸度,由土壤溶液游离 H^+ 所引起的,酸度大小取决于溶液中的 $[H^+]$,常用 pH 表示。

土壤空气中二氧化碳(CO_2)溶于水生成的碳酸(H_2CO_3)、有机质的累积和分解过程中产生的有机酸以及土壤中的某些无机肥料,如硫酸铵、硝酸铵等在化学和生物化学转化过程中产生的无机酸,如硫酸(H_2SO_4)、硝酸(HNO_3)、磷酸(H_3PO_4)等是土壤溶液中氢离子的主要来源。此外,大气污染形成的酸沉降(H_2SO_4,HNO_3)也是土壤活性酸的重要来源。

(2)潜性酸度。土壤胶体所吸附的可交换性 H^+ 和 Al^{3+} 所产生 H^+ 总称为潜性酸度(包括交换酸和水解酸)。这些致酸离子只有在一定条件下才显酸性,因此,称为潜性酸。土壤潜性酸度通常用 100 g 烘干土中氢离子的摩尔数表示。根据测定土壤潜性酸度所用提取液的不同,可把潜性酸分为交换酸和水解酸。

①交换酸常用过量的中性盐类(KCl、$NaCl$ 或 $BaCl_2$)溶液与土壤胶体发生交换,将 H^+ 及 Al^{3+} 交换转入溶液所表现的酸度称为交换酸。

$$\boxed{土壤胶体}-H^+ + KCl \Longrightarrow \boxed{土壤胶体}-K^+ + HCl$$

$$\boxed{土壤胶体}=Al^{3+} + 3KCl \Longrightarrow \boxed{土壤胶体}\!\!\begin{array}{c}K^+\\-K^+\\K^+\end{array}\!\!+ AlCl_3$$

$$AlCl_3 + 3H_2O \Longrightarrow Al(OH)_3 + 3HCl$$

胶粒上吸附的 H^+、Al^{3+} 转移到溶液后生成的 H^+ 表现的酸性通常称交换酸,但用中性盐往往不足以把胶粒中吸附的 H^+ 全部交换。

②水解酸。当用弱酸强碱盐(NaAc)溶液处理土壤时,交换的 H^+ 所表现的酸性称为水解酸。使用 NaAc 作浸提液,交换出来的 H^+ 与 Ac^- 生成弱电离的 HAc,因而提高 Na^+ 交换 H^+ 的能力,所以一般水解酸度大于交换酸度。

$$\boxed{土壤胶体}-H^+ + NaAc \Longrightarrow \boxed{土壤胶体}-Na^+ + HAc$$

所得 HAc 用碱滴定,其值即为水解酸度。

现已确认,吸附性铝离子(Al^{3+})是大多数酸性土壤中潜性酸的主要来源,而吸附性氢离子则是次要来源。

潜性酸在决定土壤性质上有很大作用,它的改变将影响土壤性质、养分供给和生物的活动。

一般土壤活性酸的 $[H^+]$ 很少,而潜性酸的 $[H^+]$ 较多,因而土壤酸碱性主要取决于潜性酸度。但是潜性酸和活性酸共存于一个平衡系统中,活性酸可以被胶体吸附成为潜在酸,而潜在酸也可被交换,生成活性酸。

$$\boxed{土壤胶体}-Ca^{2+} + 2H^+ (活性酸) \Longrightarrow \boxed{土壤胶体}\!\!\begin{array}{c}H^+\\-(潜在酸)\\H^+\end{array}\!\!+ Ca^{2+}$$

(二)土壤的碱度

土壤溶液中 OH^- 的主要来源是 CO_3^{2-} 和 HCO_3^- 的碱金属和碱土金属盐。碳酸盐和重碳酸盐碱度称为总碱度,用中和滴定土壤浸提液的方法测定。不同溶解度的碳酸盐和重碳酸盐对土壤碱性的贡献大小不同,溶解度很小的 $CaCO_3$ 和 $MgCO_3$ 对总碱度的贡献小,而水溶性的 Na_2CO_3、$NaHCO_3$ 对总碱度贡献非常大。土壤碱性主要是由上述碳酸盐和重碳酸盐的水解作用及土壤胶体上交换性 Na^+ 与水中 H^+ 进行交换的结果。

$$Na_2CO_3 + 2H_2O \Longrightarrow 2NaOH + H_2CO_3$$

$$NaHCO_3 + H_2O \rightleftharpoons NaOH + H_2CO_3$$
$$2CaCO_3 + 2H_2O \rightleftharpoons Ca(HCO_3)_2 + Ca(OH)_2$$
$$Ca(HCO_3)2 + H_2O \rightleftharpoons Ca(OH)_2 + 2H_2CO_3$$

$$\boxed{土壤胶体} - Na^+ + H_2O \rightleftharpoons \boxed{土壤胶体} - H^+ + NaOH$$

土壤酸碱性影响元素的有效性，土壤中 N、P、K、S、Ca、Mg、Fe 及其他微量元素的有效性受土壤酸碱度变化影响。

土壤无机盐中，氮的溶解度在各种 pH 时都很大，但有机氮的矿化以 pH 为 6~8 时最有效。在 pH<6 时，亚硝化细菌被抑制，pH>8 时硝化细菌受抑制，二者都使有效氮供应减少。磷在 pH<6.5 时，土壤胶体的扩散层中，常含有相当数量的吸附性铝离子及少量的铁离子和锰离子。这些离子可以与磷结合，形成难溶的 $FePO_4$、$AlPO_4$ 和锰的化合物，使磷从溶液中沉淀或吸附在黏土的表面，而失去有效性。在 pH 为 6.5~7.5 时，溶液中 Fe^{3+} 和 Al^{3+} 沉淀减少，土壤中磷主要以 $Ca(H_2PO_4)_2$ 形式存在，溶解度增大，故在 pH 为 6.5~7.5 时有效性较大。当 pH 为 7.5~8.5 时，PO_4^{3-} 与 Ca^{2+} 生成难溶的 $Ca_3(PO_4)_2$，溶解度最小。而 K^+ 在 pH≤5 时，因淋失而使土壤缺钾。pH 增高，土壤盐基度增大，K^+ 的有效性增大。

一般植物最适生长的 pH 在 6~7 之间，但有些植物喜偏酸环境，如茶、马铃薯、烟草等，还有一些植物喜偏碱环境，如甘蔗和甜菜等。

三、土壤的氧化还原性

土壤中存在着许多有机和无机的氧化还原性物质。这些氧化还原性物质参与土壤氧化还原反应，对土壤的生态系统产生重要影响。

参与土壤氧化还原反应的氧化剂有：土壤中氧气、NO_3^- 和高价金属离子，如 Fe(Ⅲ)、Mn(Ⅳ)、V(Ⅴ)、Ti(Ⅳ)等。土壤中的主要还原剂有：有机质和低价金属离子。

土壤环境氧化还原作用的强度，可以用氧化还原电位（E_h）度量。土壤的 E_h 值是以氧化态物质和还原态物质的浓度比为依据的。由于土壤中氧化态物质与还原态物质的组成十分复杂，因此计算土壤的氧化还原电位 E_h 很困难，主要以实际测量的土壤氧化还原电位来衡量土壤的氧化还原性。根据实测，旱地土壤的 E_h 值大致为 400~700 mV，水田土壤大致为 300~ -200 mV。通常当氧化还原电位 E_h>300 mV，氧体系起重要作用，土壤处于氧化状况；当 E_h<300 mV，有机质体系起重要作用，土壤处于还原状况。土壤 E_h 值决定着土壤中可能进行的氧化还原反应，因此测得土壤的

E_h 值后,就可以判断该物质处于何种价态。

土壤的氧化还原电位具有非均相性,即在同一片土壤中的不同位置,E_h 值也不同。例如,在好氧条件下,土壤胶粒聚集体内部仍可能是厌氧的。因为大气中的氧需要透过土壤溶液再经扩散才能进入聚集体孔隙中,所以仅数毫米差距之间,氧气浓度就有很大的梯度差。

土壤的氧化还原电位(E_h)高,表明土壤氧化作用强,有机物分解,养料呈氧化态,有效程度高。而且有机物分解强烈,重金属呈高价氧化态参与土壤的迁移过程。

四、土壤的配合和螯合作用

土壤中的有机、无机配体能与金属离子发生配合或螯合作用,从而影响金属离子迁移转化等行为。

土壤中有机配体主要是腐殖质、蛋白质、多糖类、木质素、多酶类、有机酸等。其中最重要的是腐殖质。土壤腐殖质具有与金属离子牢固络合的配位体,如氨基(—NH_2)、亚氨基(—NH)、羟基(—OH)、羧基(—COOH)、羰基(—C—O)、硫醚(RSR)等基团。因此重金属与土壤腐殖质可形成稳定的配合物和螯合物。

土壤中常见的无机配体有 Cl^-、SO_4^{2-}、HCO_3^-、OH^- 等,它们与金属离子生成各种配合物。

金属配合物或螯合物的稳定性与配位体或螯合剂、金属离子种类及环境条件有关。

土壤有机质对金属离子的配合或螯合能力的顺序为

$$Pb^{2+} > Cu^{2+} > Ni^{2+} > Zn^{2+} > Hg^{2+} > Cd^{2+}$$

不同配位基与金属离子亲和力的大小顺序为

$$-NH_2 > -OH > -COO^- > -C=O$$

土壤介质的 pH 对螯合物的稳定性有较大的影响:pH 低时,H^+ 与金属离子竞争螯合剂,螯合物的稳定性较差;pH 高时,金属离子可形成氢氧化物、磷酸盐或碳酸盐等不溶性化合物。

螯合作用对金属离子迁移的影响取决于所形成螯合物的可溶性。形成的螯合物易溶于水,则有利于金属的迁移,反之,有利于金属在土壤中滞留,降低其活性。

第三节　土壤环境污染

随着经济的发展,环境受损日益严重,人们关注水体和大气污染的同时忽视了土壤污染造成的严重危害。土壤污染是指人类通过生产活动从自然界获得资源和能量,最后再以"三废"形式排入环境,进入土壤的污染物积累到一定程度,影响或超过了土壤的自净能力,引起土壤质量恶化的现象。

土壤污染物主要是工业和城市的废水和固体废物、农药和化肥、牲畜排泄物、生物残体及大气沉降物等。污水灌溉或污泥作为肥料使用,常使土壤受到重金属、无机盐、有机物和病原体的污染。工业及城市固体废物任意堆放,引起其中有害物的淋溶、释放,可导致土壤污染。现代农业大量使用农药和化肥,也可造成土壤污染,例如,六六六、滴滴涕等有机氯杀虫剂能在土壤中长期残留,并在生物体内富集等。

土壤污染物种类繁多,总体可分以下几类。

(1)无机污染物包括对动植物有危害作用的元素及其无机化合物,如重金属镉、汞、铜、铅、锌、镍、砷等;硝酸盐、硫酸盐、氧化物、可溶性碳酸盐等化合物也是常见的土壤无机污染物;过量使用氮肥或磷肥也会造成土壤污染。

(2)有机污染物包括化学农药、除草剂、石油类有机物、洗涤剂及酚类等,其中农药是土壤的主要有机物,常用的农药约有 50 种。

(3)放射性物质如^{137}Cs、^{90}Sr 等。

(4)病原微生物如肠道细菌、炭疽杆菌、肠寄生虫、结核杆菌等。

土壤污染化学涉及的内容非常丰富,发展也较迅速,限于篇幅,本章重点就土壤中重金属的存在形态及其转化过程、土壤中有毒有机污染物特别是化学农药的降解与转化等环境行为进行探讨。

第四节　重金属在土壤中的迁移转化

土壤本身均含有一定量的重金属元素,其中有些是作物生长所必需的元素,如 Mn、Cu、Zn 等,而有些重金属,如 Hg、Pb、Cd、As 等则对植物生长是不利的。即使是营养元素,当其使用过量时也会对作物生长产生不利影响。这些重金属进入土壤不能被微生物分解,因此易在土壤中积累,甚至可以转化为毒性较大的烷基化合物。土壤中的重金属来源主要有:采用城市污水或工业污水灌溉,使其中重金属污染物进入农田;矿渣、炉渣及其固体废物任意堆放,其淋溶物随地表径流流入农田等。

重金属的存在形式不仅与重金属的性质还与土壤环境条件(如土壤的 pH、E_h 值、土壤有机和无机胶体的种类、含量)有关。例如稻田灌水时,氧化还原电位明显降低,重金属以硫化物的形态存在于土壤中,不易被植物吸收;当稻田排水时,稻田变成氧化环境,重金属从硫化物转化为易迁移的可溶性硫酸盐,而被植物吸收。重金属在土壤-植物体系中的积累和迁移,一般取决于重金属在土壤中的存在状态、含量以及植物种类和环境条件等因素。不同重金属的环境化学行为和生物效应各异,同种重金属的环境化学和生物效应与其存在形态有关。下面重点讨论土壤中几种常见重金属的环境化学行为。

一、汞在土壤中的迁移转化

土壤中汞(Hg)的背景值很低,为 $0.1 \sim 1.5 \ \mu g \cdot g^{-1}$。土壤中汞的天然源主要来源于岩石风化。人为源主要来自含汞农药的施用、污水灌溉、有色金属冶炼以及生产和使用汞的企业排放的工业废水、废气、废渣等。来自污染源的汞首先进入土壤表层,95%以上的汞可被土壤吸附固定。汞在土壤中移动性较弱,往往积累于表层。土壤中的汞不易随水流失,但易挥发至大气中,许多因素可以影响汞的挥发。

土壤环境中汞的存在形态可分为金属汞、无机化合态汞和有机化合态汞。

(1)金属汞,在正常的 E_h 值和 pH 范围内,土壤中汞以零价汞(Hg^0)形态存在。

(2)无机化合态汞,可分为难溶性和可溶性化合态汞。难溶性的主要有 HgS、HgO、$HgCO_3$、$HgHPO_4$、$HgSO_4$,可溶性的有 $HgCl_2$、$Hg(NO_3)_2$ 等。

(3)有机化合态汞,主要有甲基汞(CH_3Hg^+)、二甲基汞[$(CH_3)_2Hg^+$]、乙基汞($C_2H_5Hg^+$)、苯基汞($C_6H_5Hg^+$)、烷氧乙基汞($CH_3OC_2H_4Hg^+$)、土壤腐殖质与汞形成的配合物等。

各种形态的汞在一定的土壤条件下能够相互转化。无机汞之间相互转化的反应有

$$3Hg^0 \xrightleftharpoons{\text{氧化}} Hg_2^{2+} + Hg^{2+}$$

$$Hg_2^{2+} \xrightleftharpoons{\text{歧化}} Hg^{2+} + Hg^0$$

$$Hg^{2+} + S^{2-} \rightleftharpoons HgS$$

$$Hg^{2+} \xrightleftharpoons{\text{土壤微生物}} Hg^0$$

无机汞与有机汞之间的转化为

$$(CH_3)_2Hg \xrightarrow{\text{碱}} CH_3Hg^+ \rightleftharpoons \begin{matrix} CH_3OC_2H_4Hg \\ \uparrow \\ Hg^{2+} \leftarrow C_6H_5Hg^+ \\ \uparrow \\ C_2H_5Hg^+ \end{matrix}$$

汞在土壤中以何种形态存在,受土壤 E_h 值和 pH 及土壤环境(包括生物环境与非生物环境)等诸多因素影响。例如旱地土壤氧化还原电位较高,汞主要以 $HgCl_2$ 和 $Hg(OH)_2$ 形式存在,当土壤处于还原条件时,汞则以单质汞的形式存在。当旱地的 pH>7 时,汞主要以难溶的 HgO 形式存在。如果土壤溶液中有 Cl^- 等无机配体存在时,可与汞生成多种可溶性配合物,如 $HgCl^+$、$HgCl_2$、$HgCl_3^-$ 等。有机汞化合物可以通过生物化学作用转化为无机汞,无机汞(Hg^{2+})在厌氧或好氧条件下均可通过生物化学途径转化甲基汞。在碱性环境和无机氮存在的情况下,有利于甲基汞向二甲基汞的转化,而在酸性环境中二甲基汞不稳定,可分解为甲基汞。无机汞向有机汞的转化,使原来不能被生物吸收的无机汞转化为脂溶性易被吸收的有机汞化合物,进入食物链并富集,最终对人畜产生危害。

汞化合物进入土壤后,95%以上可被土壤吸附。阳离子态汞(Hg^{2+}、Hg_2^{2+}、CH_3Hg^+)可被黏土矿物和腐殖质吸附,阴离子态汞($HgCl_3^-$、$HgCl_4^{2-}$ 等)可被带正电荷的氧化铁、氢氧化铁、氧化锰或黏土矿物的边缘所吸附。分子态的汞,如 $HgCl_2$,可被 Fe、Mn 的氢氧化物吸附,$Hg(OH)_2$ 溶解度小,可被土壤机械阻留。各种形态的汞化合物与土壤组分之间具有强烈的吸附作用,除金属汞和二甲基汞易挥发外,其他形式的汞迁移和排出缓慢,易在耕层土壤中积累,不易向水平和垂直方向移动。但当汞与土壤有机质螯合时,会发生一定的水平与垂直方向移动。

汞是危害植物生长的元素。土壤中的汞及其化合物可以通过离子交换与植物的根蛋白进行结合,也可以通过植物叶片的气孔吸收汞。不同化学形态的汞化合物被植物吸收的顺序为:氯化甲基汞>氯化乙基汞>二氯化汞>氧化汞>硫化汞。汞化合物的挥发性愈高、溶解度愈大,愈易被植物吸收。因此有时土壤中汞含量很高,但作物的含汞量不一定高,不同作物对汞的吸收积累能力是不同的,在粮食作物中的顺序为水稻>玉米>高粱>小麦。汞在作物不同部位的累积顺序为:根>叶>茎>籽实。不同类型土壤中,汞的最大允许值亦有差别,如 pH<6.5 的酸性土壤为 $0.3\ \mu g \cdot g^{-1}$,pH>6.5 的石灰性土壤为 $1.0\ \mu g \cdot g^{-1}$(如果土壤中的汞含量超过此值,就可能生产出对人体有毒的"汞米")。

二、镉在土壤中的迁移转化

土壤中镉（Cd）的背景值一般为 $0.01\sim0.70\ \mu g\cdot g^{-1}$，各类土壤因成土母质不同，镉的含量有较大差别。土壤中镉的人为污染源主要有矿山开采，冶炼排放的废水、废渣，工业废气中镉扩散沉降，农业上磷肥（如过磷酸钙）的使用也可能带来土壤镉污染。

土壤中镉一般以水溶性镉、难溶性镉和吸附态镉存在。

（1）水溶性镉，主要以 Cd^{2+} 离子态或以有机和无机可溶性配位化合物形式存在。如 $Cd(OH)^+$、$Cd(OH)_2^0$、$CdCl^+$、$CdCl_2^0$、$Cd(HCO_3)^+$、$Cd(HCO_3)_2^0$ 等，易被植物吸收。

（2）难溶性镉化合物，主要以镉的沉淀物或难溶性螯合物的形态存在，如在旱地土壤中镉以 $CdCO_3$、$Cd(OH)_2$ 和 $Cd(PO_4)_2$ 形态存在；而在淹水稻田中，镉多以 CdS 的形式存在，因而不易被植物吸收。

（3）吸附态镉化合物，指被黏土或腐殖质交换吸附的镉。土壤中的镉可被胶体吸附，其吸附作用与 pH 呈正相关。被吸附的镉可被水溶出而迁移，pH 越低，镉的溶出率越大，即吸附作用减弱。例如 pH 为 4 时，镉的溶出率大于 50%；pH 为 7.5 时，镉则很难溶出。

镉是危害植物生长的有毒元素。土壤生物对镉有很强的富集能力，极易被植物吸收。同时只要土壤中镉含量稍有增加，植物体内镉含量也会随之增加，这是土壤镉污染的一个重要特点。

镉的化合物进入土壤后，极易被土壤吸附，以吸附态蓄积在土壤中。大多数土壤对镉的吸附率在 $80\%\sim95\%$，土壤对镉的吸附与土壤胶体性质有关，与所含有机质的含量成正相关。

植物对镉的吸收及富集取决于土壤中镉的含量和形态、镉在土壤中的活性及植物的种类。此外，镉污染土壤进入食物链，造成对人类健康的威胁，它主要积存在肝、肾、骨等组织中并能破坏红细胞，交换骨骼中的 Ca^{2+} 引起骨痛病。因此在土壤重金属污染中把镉作为研究重点。

三、铅在土壤中的迁移转化

土壤中铅（Pb）的背景值一般为 $15\sim20\ \mu g\cdot g^{-1}$，铅的人为污染源主要有铅锌矿开采、冶炼烟尘的沉降、汽油燃烧和冶炼废水污灌等。

由各种源进入土壤的铅主要以难溶性化合物为主要形态，如碳酸铅（$PbCO_3$）、氢氧化铅[$Pb(OH)_2$]、磷酸铅[$EPb_3(PO_4)_2$]、硫酸铅（$PbSO_4$）

等,而可溶性铅的含量很低,因此土壤中铅不易被淋溶,迁移能力较弱,虽主要蓄积在土壤表层,但生物有效性较低。

铅在土壤中的迁移转化受诸多因素的影响。铅能够被土壤有机质和黏土矿物吸附,而且腐殖质对铅的吸附能力明显高于黏土矿物。土壤中铁和锰的氢氧化物,尤其是锰的氢氧化物对 Pb_2 有强烈的专性吸附作用。铅也可与土壤中有机配位体形成稳定的金属配合物或螯合物。一般土壤有机质含量增加,可溶性铅含量降低。

土壤氧化还原电位的升高使土壤中可溶性铅含量降低,原因可能是在氧化条件下,土壤中的铅与高价铁、锰氢氧化物相结合,降低了溶解性;土壤中磷含量增加,由于可溶性铅易沉淀为难溶的磷酸盐,致使可溶性铅含量降低。由于氢离子与其他阳离子竞争有效吸附位的能力很强,而且大多数铅盐的溶解度随着 pH 降低而增加,因此,在酸性土壤中,可溶性铅含量较碱性土壤高,而且部分被固定的铅也有可能重新释放出来,移动性增大,生物有效性增加。

铅在环境中比较稳定,在重金属元素中,一定浓度的铅对植物的生长不会产生明显的危害。这可能是因为植物从土壤中主要是吸收存在于土壤溶液中的溶解性铅,而土壤溶液中的可溶性铅含量一般较低的原因。进入植物体的铅,绝大部分积累于根部,转移到茎、叶、籽粒的铅数量很少。

四、铬在土壤中的迁移转化

土壤中铬(Cr)的背景值一般为 $20 \sim 200\ \mu g \cdot g^{-1}$,各类土壤因成土母质不同,铬的含量差别很大。土壤中铬的人为污染源主要有冶炼、电镀、制革、印染等行业排放的三废,以及含铬量较高的化肥施用。

土壤中铬以三价和六价两种价态存在。三价铬主要有 Cr^{3+}、CrO_2^-、$Cr(OH)_3$ 等,六价铬以 CrO_4^{2-}、CrO_7^{2-} 的化合物为主要存在形态。土壤中可溶性铬只占总铬量的 $0.01\% \sim 0.4\%$。土壤的 pH、氧化还原电位、有机质含量等因素对铬在土壤中的迁移转化有很大的影响。由于六价铬需在高氧化还原电位条件下方可存在(如 pH=4 时,$E_h > 0.7\ V$),这样高的电位,土壤环境中不多见,因此六价铬在一般土壤常见 pH 和 E_h 值范围内,极易被土壤中的有机质等还原为较为稳定的三价铬。其还原率与土壤有机碳含量呈显著正相关。如某土壤有机碳含量为 1.56% 和 1.33% 时,$Cr(VI)$ 的还原率分别为 89.6% 和 77.2%。有机质对 $Cr(VI)$ 的还原作用与土壤 pH 呈负相关。例如当土壤 pH 为 3.35 或 7.89 时,$Cr(VI)$ 的还原率分别为 54%

和 20%。

当三价铬进入土壤时,90%以上迅速被土壤胶体固定,如以六价铬的形式进入土壤,则首先是被土壤有机质还原为三价,再被土壤胶体吸附,从而使铬的迁移能力及生物有效性降低,并使铬在土壤中积累。

土壤中三价铬和六价铬之间能够相互转化,转化的方向和程度主要决定于土壤环境的 pH、E_h 值。不同价态铬之间的相互转化可简明表示为:

$$Cr_2O_7^{2-} \underset{H^+}{\overset{OH^-}{\rightleftharpoons}} 2CrO_4^{2-}$$

$$还原剂\downarrow \qquad\qquad \uparrow 氧化剂$$

$$Cr^{3+} \underset{H^+}{\overset{OH^-}{\rightleftharpoons}} Cr(OH)_3 \underset{H^+}{\overset{OH^-}{\rightleftharpoons}} CrO_2^-$$

六价铬可被 $Fe(\mathrm{II})$、某些具有羟基的有机物和可溶性硫化物还原为三价铬,而在通气良好的土壤中,三价铬可被二氧化锰和溶解氧缓慢氧化为六价铬。由于六价铬的生物毒性远大于三价铬的毒性,所以三价铬存在着潜在危害。

铬是植物生长所必需的微量元素。低浓度的铬对植物生长有刺激作用。例如土壤中 $Cr(\mathrm{III})$ 为 $20\sim40\ \mu g \cdot g^{-1}$ 时,对玉米苗生长有明显的刺激作用;当 $Cr(\mathrm{III})$ 为 $320\ \mu g \cdot g^{-1}$ 时,则有抑制作用。高浓度铬不仅对植物产生危害,而且会影响植物对其他营养元素的吸收。如当土壤含铬大于 $5\ \mu g \cdot g^{-1}$ 时,会影响大豆对钙、钾、磷等的吸收而出现大豆顶部严重枯萎的现象。

水稻栽培试验结果表明,重金属在植物体内迁移顺序为 Cd>Zn>Ni>Ca>Cr。可见铬在土壤中主要被固定或吸附在土壤固相中,可溶性小,使得铬的移动性和对植物的吸收有效性大大降低。因此在土壤重金属元素污染中铬对植物及通过植物进入人体所造成的危害相对较小。

五、砷在土壤中的迁移转化

砷(As)虽非重金属,但具有类似重金属的性质,故称其为准金属(或类金属)。土壤中砷的背景值一般为 $0.2\sim40\ \mu g \cdot g^{-1}$。我国土壤平均含砷量约为 $9\ \mu g \cdot g^{-1}$。土壤中的砷除来自岩石风化外,主要来自人类活动,如矿山和工厂含砷废水的排放,煤的燃烧过程中含砷废气的排放等。砷曾大量用作农药而造成土壤污染。

砷在土壤中主要有三价和五价两种价态。三价无机砷毒性高于五价砷。砷在土壤中以水溶性砷、吸附交换态砷和难溶性砷三种形态在土壤中存在。

（1）水溶性砷，主要为 AsO_3^{3-}、$HAsO_2^{2-}$、$H2AsO_3^-$、AsO_4^{3-}、$HAsO_4^{2-}$、$HAsO_4^-$ 等阴离子，一般只占总砷量的 5%～10%，其总量低于 1 $\mu g \cdot g^{-1}$。

（2）吸附交换态砷，土壤胶体对 AsO_4^{3-} 和 AsO_3^{3-} 有吸附作用。如带正电荷的氢氧化铁、氢氧化铝和铝硅酸盐黏土矿物表面的铝离子都可吸附含砷的阴离子，但有机胶体对砷无明显的吸附作用。

（3）难溶性砷，砷可以与铁、铝、钙、镁等离子形成难溶的砷化合物，也可与氢氧化铁、铝等胶体产生共沉淀而被固定难以迁移。

土壤中砷常以 AsO_4^{3-}、AsO_3^{3-} 盐形式存在，三价砷在水中的溶解度大于五价砷，五价砷则易被土壤胶体吸附并固定。因此当土壤处于氧化状况时，砷多以 AsO_4^{3-} 形式存在，易被土壤吸附固定，移动性减小，危害降低；而当土壤淹水，处于还原状况时，E_h 值下降，AsO_4^{3-} 转化为 AsO_3^{3-}，土壤对砷的吸附量随之减少，水溶性砷含量增高，移动性增大，危害加重。

土壤中砷的迁移转化与其所含铁、铝、钙、镁及磷的种类及含量有关，还和土壤 pH、E_h 值及微生物的作用有关。研究表明，用 Fe^{3+} 饱和的黏土矿物对砷的吸附量为 620～1 173 $\mu g \cdot g^{-1}$，用 Ca^{2+} 饱和的黏土矿物吸附量为 75～415 $\mu g \cdot g^{-1}$。含砷（V）化合物的溶解度为：$Ca_3(AsO_4)_2 > Mg_3(AsO_4)_2 > AlAsO_4 > FeAsO_4$，可见铁固定 AsO_4^{3-} 的能力最强。

土壤微生物也能促使砷的形态变化。土壤中的砷在淹水状况中经厌氧微生物的作用，可生成气态 AsH_3 而逸出土壤；砷也可以在某些厌氧细菌（如产甲烷菌）作用下转化为一甲基砷、二甲基砷，某些土壤真菌还可使一甲基砷、二甲基砷生成三甲砷。Challenger 等认为，砷酸盐甲基化的机理为：

$$AsO_4^{3-} \xrightarrow[2e]{-O} AsO_3^{3-} \xrightarrow[CH_3^+]{产甲烷菌} CH_3AsO_3^{2-} \xrightarrow[2e^-]{-O} CH_3AsO_2^{2-} \xrightarrow{CH_3^+}$$

$$(CH_3)_2AsO_2^- \xrightarrow[2e]{-O} (CH_3)_2AsO^- \xrightarrow{CH_3^+} (CH_3)_3AsO \xrightarrow[2e]{-O} (CH_3)_3As$$

土壤中砷的烷基化往往会增加砷化物的水溶性和挥发性，提高土壤中砷扩散到水和大气圈的可能性。

由上述讨论可见，砷的危害与镉、铬等受土壤环境影响不同，当土壤处于氧化状态时，砷的危害比较小；当土壤处于淹水还原状态时，AsO_4^{3-} 还原为 AsO_3^{3-}，对植物的危害加大。所以为了有效地防止砷的污染及危害，可采取提高土壤氧化还原电位等措施，以减少亚砷酸盐的形成。

第五节　化学农药在土壤中的迁移转化

化学农药是指能防治植物病虫害,消灭杂草和调节植物生长的化学药剂。

化学农药主要是指通过化学合成用以防治植物病虫害、消灭杂草和调节植物生长的一类化学药剂。例如各类化学合成杀虫剂、除草剂、杀菌剂,以及动、植物生长调节剂等。化学农药若按其主要化学成分进行分类,可分为有机氯农药、有机磷农药、氨基甲酸酯类农药、拟除虫菊酯类农药等。施用农药确实能对农作物的增产增收起重要的作用,但由于有些农药因化学性质稳定,存留时间长,大量而持续使用的结果,将使其在土壤中累积,到达一定程度后,便会影响作物的产量和质量,构成环境污染。

一、化学农药概述

农药是一种泛指性术语,按其主要用途它不仅包括杀虫剂,还包括除草剂、杀菌剂、防治啮齿类动物的药物,以及动植物生长调节剂等。按其化学成分可分为如下几类。

(1)有机氯农药。该类农药是含氯的有机化合物,大部分是含一个或几个苯环的氯化衍生物。如 DDT、六六六、艾氏剂、狄氏剂和异狄氏剂。这类农药的特点是化学性质稳定,在环境中残留时间长,不易分解,易溶于脂肪中并造成累积,是造成环境污染的最主要农药类型。目前许多发达国家,如美国和西欧,已多年停用滴滴涕等有机氯农药。中国是农药生产和使用大国,历史上曾工业化生产过 DDT、六氯苯、氯丹、七氯和毒杀酚,特别是DDT 等有机氯农药在 20 世纪 80 年代以前相当长时期里一直是中国的主导农药。为保护人类健康和环境,中国采取了很多措施,发布了一系列政策法规,禁止或限制这些有机氯农药的生产和使用。

(2)有机磷农药。有机磷类农药是含磷的有机化合物,有的也含有硫、氮元素。其化学结构一般含有 C—P 键或 C—O—P 键、C—S—P 键、C—N—P 键等,大部分是磷酸酯类或酰胺类化合物。如对硫磷(1605)、敌敌畏、二甲硫吸磷、乐果、敌百虫、马拉硫磷等。这类农药有剧毒,但比较易分解,在环境中残留时间短,在动植物体内在酶的作用下可分解而不易累积,是一种相对较安全的农药。

(3)氨基甲酸酯类。这类农药具有苯基烷基氨基甲酸酯的结构。如甲萘威、仲丁威、速灭威、杀螟丹等。其特点是在环境中易分解，在动物体内能迅速代谢，代谢产物的毒性多数低于其本身毒性，因此属于低残留农药类。

二、农药在土壤中迁移转化的般规律

农药通过各种途径进入土壤后，与土壤中的物质发生一系列化学、物理化学和生物化学的反应，致使其在土壤环境中发生迁移、转化、降解，或残留、累积。

（一）化学农药在土壤中的吸附作用机理

土壤对农药的吸附作用是农药在土壤中滞留的主要因素。农药被土壤吸附影响着农药在土壤固、液、气三相中的分配，其迁移能力和生理毒性随之发生变化。通常土壤对农药的吸附在一定程度上起着净化和解毒作用，但这种净化作用是不稳定和有限的。

1）土壤对农药的吸附方式及机理

（1）物理吸附。物理吸附的强弱决定于土壤胶体比表面积的大小。例如蒙脱石和高岭石对六六六的吸附量分别为 $10.3\ mg \cdot g^{-1}$ 和 $2.7\ mg \cdot g^{-1}$；有机胶体比无机胶体对农药有更强的吸附作用，如土壤腐殖质对马拉硫磷的吸附能力是蒙脱石的 70 倍。

（2）离子交换吸附。这种吸附是以离子键相结合的。化学农药按其化学性质可分为离子型和非离子型农药，离子型农药易与土壤黏土矿物和有机质上的同号离子起交换作用而被吸附。根据离子型农药所带电荷的不同，离子交换吸附可分为阳离子吸附和阴离子吸附。阳离子型农药易与土壤黏土矿物和有机质上的阳离子起交换吸附作用。如联吡啶类阳离子除草剂、敌草快和杀草快等能与有机质和黏土矿物上的羧基和酚羟基上阳离子交换，而被土壤胶体吸附。如前所述，土壤中铁、铝水合氧化物（$Fe_2O_3 \cdot nH_2O$、$Al_2O_3 \cdot nH_2O$）属两性胶体，其电性随土壤 pH 的变化而变化。当介质 pH 小于等电点时，OH^- 基团整个电离，使胶粒带正电荷，此时胶粒会吸附土壤中的阴离子。当某些农药分子中的官能团（—OH、—NH$_2$、NHR、—COOR）解离时产生负电荷，成为有机阴离子时，则会与胶粒所吸附的阴离子进行交换而形成阴离子吸附。

（3）氢键结合。土壤组分和农药分子中的—NH、—OH 基团或 N 和 O 原子易形成氢键。农药分子可与黏土表面氧原子、边缘羟基或土壤有机质的含氧基团、胺基等以氢键相结合。

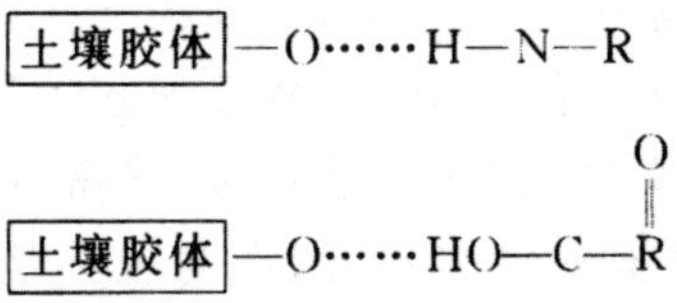

$$\boxed{土壤胶体}—O\cdots\cdots H—N—R$$

$$\boxed{土壤胶体}—O\cdots\cdots HO—\overset{\displaystyle O}{\overset{\|}{C}}—R$$

有些交换性阳离子与极性有机农药分子还可以通过水分子以氢键相结合。例如,酮分子与水合的交换性阳离子(M 科)相互作用。

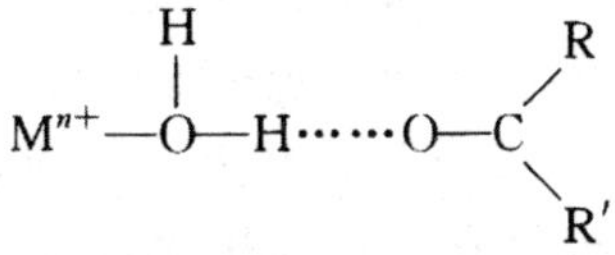

$$M^{n+}—O—H\cdots\cdots O—\overset{H}{\overset{|}{C}}\underset{R'}{\overset{R}{<}}$$

(4)配位体交换吸附。这种吸附作用的产生,是由于农药分子置换了一个或几个配位体。某些农药分子配位体可与黏土矿物上各种金属形成配位化合物。如杀草强被蒙脱石的吸附就是这种作用机理。

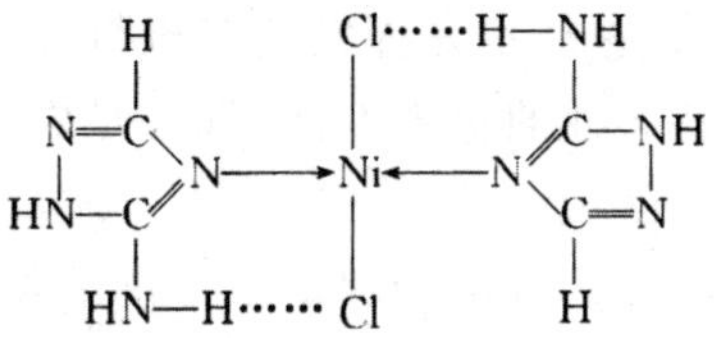

农药分子还可以通过疏水性结合、电荷转移等形式被土壤吸附。

2)土壤中农药的吸附等温式

土壤对农药的吸附作用,通常可以用弗罗因德利希(Freundlish)和朗格缪尔(Langmuir)等温吸附方程式定量描述。具体等温吸附方程表达式在水环境化学中已作详细介绍,在此不再赘述。

非离子有机农药在土壤中的吸附,主要通过溶解作用而进入土壤有机质中,这种吸附符合线性等温吸附方程即 Henry 型。Henry 型等温吸附方程的表达式为:

$$\frac{x}{m} = Kc$$

式中,x/m 为每克土壤吸附农药的量,$\mu g \cdot cm^{-3}$;c 为吸附平衡时溶液中农药的浓度,$\mu g \cdot cm^{-3}$;K 为分配系数。

该等温式表明农药在土壤胶体与溶液之间按固定比例分配。

(二)化学农药在土壤中的挥发及淋溶迁移

化学农药在土壤中的迁移是指农药挥发到气相的移动以及在土壤溶液中和吸附在土壤颗粒上的移动。由于土壤中农药的迁移,可导致大气、水和生物的污染。

（1）化学农药在土壤中的挥发迁移。农药挥发作用是指在自然条件下农药从植物表面、水面与土壤表面通过挥发逸入大气中的现象。农药挥发作用的大小除与农药蒸气压、水中的溶解度、辛醇水分配系数（K_a）以及从土壤到挥发界面的移动速率等有关外，还与施药地区的土壤和气候条件有关。

蒸气压大、挥发作用强的农药，在土壤中的迁移主要以挥发扩散形式进行。各类化学农药的蒸气压相差很大，有机磷和某些氨基甲酸酯类农药蒸气压相当高，相应挥发指数高（指数比较标准以最难迁移的 DDT 的挥发指数为 1.0 计算），如甲基对硫磷挥发指数为 4.0，对硫磷挥发指数为 3.0，挥发作用相对更强。而有机氯农药蒸气压比较低，相应挥发指数也低，如DDT、艾氏剂挥发指数均为 1.0，氯丹为 2.0，挥发作用弱。农药从土壤中挥发，还与土壤环境的温度、湿度和土壤孔隙，土壤的紧实程度，以及空气流动速度等有密切关系。

许多资料证明，农药（包括不易挥发的有机氯农药）都可以从土壤表面挥发，对于低水溶性和持久性的化学农药，挥发是农药透过土壤，逸入大气的重要途径。

（2）化学农药在土壤中的淋溶迁移。农药淋溶作用是指农药在土壤中随水垂直向下移动的能力。影响农药淋溶作用的因素很多，如农药本身的理化性质、土壤的结构和性质，作用类型及耕作方式等。水溶性大的农药，具有较高的淋溶指数（指数比较标准以最难迁移的 DDT 的淋溶指数为1.0）。如除草剂 2,4-D 的淋溶指数为 2.0、茅草枯的淋溶指数为 4.0。这类高淋溶指数的农药，淋溶作用较强，主要以水淋溶扩散形式进入土壤并有可能造成地下水污染。土壤结构不同，对农药淋溶性能的影响也不同。由于黏土矿物和有机质含量高的土壤对农药的吸附性能强，农药淋溶能力相对弱；而在吸附性能小的砂土中，农药的淋溶能力则比较强。

目前，一般使用最大淋溶深度作为评价农药淋溶性能的指标。最大淋溶深度是指土层中农药的残留质量分数为 5×10^{-9} 时，农药所能达到的最大深度。

农药在土壤气相—液相之间的移动，主要决定于农药在水相和气相之间的分配系数，K_{wa} 其计算公式为：

$$K_{wa} = \frac{c_w}{c_a} = \frac{8.29ST}{pM}$$

式中，c_w 为水相中农药浓度，$\mu g \cdot mL^{-1}$；c_a 为气相中农药浓度，$\mu g \cdot mL^{-1}$；S 为农药在水中溶解度，$\mu g \cdot mL^{-1}$；p 为农药蒸气压，Pa；M 为农药的相对分子质量；T 为热力学温度，K。

一般认为,当农药的 $K_{wa}<10^4$ 时,其迁移方式以气相扩散为主,属于易挥发性农药;当 $K_{wa}=10^4\sim10^6$ 时,其迁移方式以水、气相扩散并重,属于微挥发性农药;当 $K_{wa}>10^6$ 时,以水相扩散为主,属于难挥发性农药。

(三)化学农药在土壤中的降解

化学农药对于防治病虫害、提高作物产量等方面无疑起了很大的作用。但化学农药作为人工合成的有机物,具有稳定性强,不易分解,能在环境中长期存在,并在土壤和生物体内积累而产生危害。

DDT 是一种人工合成的高效广谱有机氯杀虫剂,曾广泛用于农业、畜牧业、林业及卫生保健事业。过去人们一直认为 DDT 之类有机氯农药是低毒安全的,后来发现它的理化性质稳定,在自然界中可以长期残留,在环境中能通过食物链大大浓集,进入生物机体后,因其脂溶性强,可长期在脂肪组织中蓄积。因此,DDT 已被包括我国在内的许多国家禁用,但目前环境中仍还有相当大的残留量。然而不论化学农药的稳定性有多强,作为有机化合物,终究会在物理、化学和生物各种因素作用下逐步地被分解,转化为小分子或简单化合物,甚至形成 H_2O、CO、N_2、Cl_2 等而消失。化学农药逐步分解,转化为无机物的这一过程,称为农药的降解。

化学农药在土壤中的降解常常要经历一系列中间过程,形成一些中间产物,中间产物的组成、结构、理化性质和生物活性与母体往往有很大差异,这些中间产物也可对环境产生危害,因此,深入研究和了解化学农药的降解作用是非常重要的。

1)光化学降解

对于施用于土壤表面的农药,在光照下可以吸收太阳辐射进行降解。许多农药都能发生光化学降解作用,如除草快光解生成盐酸甲胺。

$$\left[H_3C-N\bigcirc-\bigcirc N-CH_3\right]Cl_2\longrightarrow\left[H_3C-N\bigcirc-COOH\right]Cl\longrightarrow CH_3NH_2\cdot HCl$$

不同类别的农药其光解速率按下列次序递减:有机磷类＞氨基甲酸酯类＞均三氮苯类＞有机氯类。化学农药光降解作用,形成的产物有的毒性较母体降低,有的毒性则较母体更大。例如,辛硫磷经光催化、异构化反应,使其由硫酮式转变为硫醇式,毒性增大。

2)化学降解

施于土壤的农药的可被黏粒表面、金属离子、氢离子、氢氧根离子、游离氧及有机质等催化而发生化学降解作用。化学农药在土壤中的化学降解包括水解、氧化、离子化等,其中水解和氧化反应最重要。

(1)水解作用。土壤中存在着水分,因此水解是化学农药最主要的反应过程之一。农药在土壤中水解,有区别于其他介质的显著特点,即土壤可起非均相催化作用。例如,土壤中氯代均三氮苯类除草剂的化学水解机理是一种吸附催化水解,其反应如下:

氯代均三氮苯　　土壤有机胶体　　　　　氯代均三氮苯(被吸附的)

羟基均三氮苯(被吸附的)

又如皮蝇磷在黏土矿物上的催化水解反应如下:

$$(CH_3O)_2\overset{S}{P}-O-\underset{Cl}{\overset{Cl}{\bigcirc}}-Cl \xrightarrow[\text{矿物表面}]{H_2O} HO-\underset{Cl}{\overset{Cl}{\bigcirc}}-Cl+P(OH)_3+2CH_3OH$$

可见,由于农药吸附在土壤有机质表面而进行催化,土壤有机质的羟基是主要的吸附作用点。

另外,金属离子或某些金属螯合物,也可催化土壤农药的化学水解反应。如土壤中铜、铁、锰等金属离子与氨基酸形成的螯合物,即是有机磷农药水解的有效催化剂。

除上述催化水解作用外,碱也具有催化水解作用。如有机磷农药的水解速率与土壤 pH 密切相关,通常在碱性土壤中水解速率大于在酸性土壤中的水解速率,这主要是由于 OH^- 催化的结果。

(2)氧化作用。许多农药,如林丹、艾氏剂和狄氏剂在臭氧氧化或曝气作用下都能够被去除。化学农药氧化降解生成羧基、羟基等。如 p,p'-DDT 脱氯产物 p,p'-DDD 可进一步氧化为 p,p'-DDA。

3)微生物降解

对农药有降解能力的微生物有细菌、放线菌、真菌等,它们可以单一降解一种乃至数种化学农药,也可以协同作用增强降解潜力。

(1)脱氯作用。有机氯农药,在微生物的还原脱氯酶作用下,可脱去取代基氯。如 p,p'-DDT 可通过脱氯作用变为 p,p'-DDD,或是脱去氯化氢,变为 p,p'-DDE。

p,p'-DDE ← $-HCl$（好气条件）旱地 ← p,p'-DDT → $-Cl$ $+H$（厌气条件）水田

p,p'-DDD → $-Cl$ → DDNU → $-Cl$ → DDNS

（2）氧化作用。许多化学农药在微生物作用下，可发生氧化反应，其反应形式有羟基化、脱烷基、β-氧化、脱羧基、醚键开裂、环氧化等。例如，p,p'-DDT 脱氯后的产物 p,p'-DDNS 在微生物氧化酶作用下，可进一步氧化形成 DDA。反应过程与化学氧化作用相似。

（3）水解作用。许多无机酸酯类农药（如对硫磷、马拉硫磷）和苯酰胺类农药在微生物作用下，酰胺键和酯键易发生水解作用，下面是对硫磷水解的例子：

（对硫磷结构） $\xrightarrow{+H_2O}$ （水解产物）

实际上化学农药的化学降解与微生物降解往往同时作用。在自然条件下化学农药既能直接水解和氧化，也能被微生物分解。

（4）脱烷基作用。烷基与 N、O 或 S 原子连接的农药容易在微生物作用下进行脱烷基降解。例如二烷基胺三氮苯类除草剂，在微生物作用下发生脱烷基作用为：

（三氮苯 R^1, R^2）→（三氮苯 R^1, H）→（三氮苯 NH_2）→（三氮苯 OH）

二烷基胺三氮苯在微生物作用下可脱去两个烷基，所生成的产物比原化合物毒性更大。农药的脱烷基作用往往不会降低化学农药的毒性，只有当脱去氨基和环破裂才能成为无毒物质。

（5）环破裂作用。许多细菌和真菌能使芳香环破裂，这是具有环状结构的化学农药在土壤中降解的重要过程，通过这一过程芳环逐渐破裂、分解。

如 2,4-D 在无色杆菌作用下发生苯环破裂。

三、化学农药在土壤环境中的残留

施入土壤的化学农药经挥发、淋溶、降解以及作物吸收等逐渐减少,但仍有部分残留在土壤中。残留的化学农药是否对土壤造成了污染,程度又如何? 可用残留特性——残留量和残留期作为评价。

农药在土壤中的残留量受到很多因素的影响,如挥发、淋溶、吸附、降解以及施用量等。因此很难用数学公式准确、全面地表述,仅能用下列近似公式估算。

$$R = c_0 e^{-kt}$$

式中,R 为农药残留量,$mg \cdot kg^{-1}$;c_0 为农药初始浓度,$mg \cdot kg^{-1}$;k 为衰减常数;t 为农药施用后的时间。

化学农药在土壤中的滞留情况可用农药在土壤中的半衰期和残留期表述。半衰期是指施药后附着于土壤的农药量因降解等原因含量减少一半所需的时间。残留期是指施于土壤的农药,因降解等原因含量减少 75%~100%所需的时间。表 4-4 列出各类常用化学农药的半衰期。

表 4-4 各类常用化学农药的半衰期

农药名称	半衰期	农药名称	半衰期
含 Pb、As、Cu 类	10~30a	2,4-D 等苯氧羧酸类	0.1~0.4a
DDT、六六六、狄氏剂等有机氯类	2~4a	有机磷类	0.02~0.2a
西玛津等均三氮苯类季中	数月~1a	氨基甲酸酯类	0.02~0.1a
敌草隆等取代脲类	数月~1a		

由表 4-4 可见,各类化学农药由于化学结构和性质不同,在土壤中的残

留期差别很大,半衰期相差可达几个数量级。铅、砷等有毒无机物可相当长时间残留在土壤中,有机氯农药在土壤中残留期也很长久,这些农药虽已被禁用,但在环境中的残留量仍十分可观。其次是均三氮苯类、取代脲类和苯氧羧酸类除草剂,残留期一般为数月至一年左右;有机磷和氨基甲酸酯类杀菌剂,残留只有几天或几周,如乐果、马拉硫磷在土壤中的残留时间分别为4 d、7 d,故在土壤中很少积累。但也有少数有机磷农药,在土壤中残留期较长,如二嗪农的残留期可达数月之久。

  表 4-4 中所列出的半衰期有很大的差异,这说明农药在土壤中的残留,不仅取决于本身性质,还与土壤质地、有机质含量、酸碱度、水分含量、氧化还原状况、微生物群落种类和数量、耕作方式和药剂用量等多种因素有关。表 4-5 列出了支配农药残留性的有关因素。

表 4-5　支配农药残留性的有关因素

项目	因子	残留性大小
农药	挥发性	低＞高
	水溶性	低＞高
	施药量	高＞低
	施药次数	多＞少
	加工剂型	粒剂＞乳剂＞粉剂
	稳定性(对光解、水解、微生物分解等)	高＞低
	吸着力	强＞弱
土壤	类型	黏土＞砂土
	有机质含量	多＞少
	金属离子含量	多＞少
	含水量	少＞多
	微生物含量	少＞多
	pH	低＞高
	通透性	嫌气＞好气
其他	气温	低＞高
	温度定	低＞高
	表层植被	稀疏＞茂密

注:引自刘静宜《环境化学》,1987 年。

  化学农药进入土壤后,由挥发、淋溶等物理作用而降低其残留量,同时农药还与土壤固体、液体、气体及微生物等发生一系列化学、物理化学及生物化学作用,尤其是土壤微生物对其的分解,这些作用过程共同影响化学农药在土壤中的消失。值得注意的是,环境和植保工作者对农药在土壤中残留时间长短的要求不同。因此,对于农药残留问题的评价,要从防止污染和提高药效两个方面考虑。最理想的农药应为:毒性保持的时间长到以控制其目标生物,而又衰退得足够快,以致对非目标生物无持续影响,并不使环境遭受污染。从这点来看,未来农药的发展方向该是高效、安全、低毒、低残留、经济、使用简便,而生物农药更符合这个方向和趋势。生物农药分为两大类:一类是微生物农药,其中包括病毒农药、真菌农药、细菌农药;另一类是生物工程植物。生物农药必将在农药品种结构调整中扮演重要角色,在农药产业中占据主要地位。

第六节 其他污染物质在土壤中的迁移转化

土壤中除了前面讨论的重金属污染和农药污染外,还有很多其他污染物会通过各种渠道进入土壤,造成土壤污染,并对各种农产品品质产生严重影响。例如,来自石油化工、焦化、冶炼、煤气、塑料、油漆、染料等废水的排放、烟尘的沉降以及汽车废气排放所产生的多环芳烃等,很多多环芳烃具有致癌性,而且在自然界中很稳定,难化学降解,也不容易为微生物作用而降解,这类低水平致癌物质可通过植物根系吸收而转入食物链进入人体造成危害;农田在灌溉或施肥过程中,可能会受到所产生的三氯乙醛及在土壤中的转化产物三氯乙酸的污染,三氯乙醛能破坏植物细胞原生质的极性结构和分化功能,形成病态组织,阻碍正常生长发育,甚至导致植物死亡;人类在生产和生活活动中所产生,并为人类弃之不用的固体物质和泥状物质,包括从废水和废气中分离出来的固体颗粒物,即人们常说的固体废物,在其产生、运输、储存、处理到处置的各过程,都有可能对土壤造成污染及危害。

一、酚在土壤中的迁移转化

酚类化合物是芳烃的含羟基衍生物,或者说是芳烃中苯环上的氢原子被羟基取代后的产物。自然界里这类化合物的种类繁多,通常依据联在苯环上的羟基数目,将其分为一元酚、二元酚和三元酚等,一元酚即单元酚,含两个以上羟基的酚,又统称为多元酚。酚类化合物还可依据其能否与水蒸气一起挥发而分为挥发性酚和不挥发性酚。一般将沸点在230℃以下的单元酚称为挥发性酚,沸点在230℃以上的酚为不挥发性酚。酚类化合物对植物的生命活动起着重要作用,如生长发育、免疫、抗菌等生理过程中以及光合、呼吸、代谢等生化过程中都起着不可忽视的作用。因此,在植物体内含有丰富的酚类化合物。

(一)酚污染

酚类化合物的性质主要取决于苯环上羟基的位置和数目,同时苯环和羟基在分子中相互影响也很重要。它们之间有许多共同的性质,如呈弱酸性;都可以和三氯化铁反应而是呈现不同的颜色,并且在环境中都易被氧化等。就酚类化合物的毒性程度来说,以苯酚的最大,通常含酚废水中又以苯酚和甲酚含量为最高,因此,目前环境监测中往往以苯酚、甲酚等挥发性酚为污染指标。

酚的主要来源是工业废水的排放。来自焦化厂、煤气厂废水(一般含挥发酚 $40 \sim 300 \ mg \cdot L^{-1}$,非挥发酚 $10 \sim 2\ 000 \ mg \cdot L^{-1}$)、绝缘材料厂、石油化工工业(例如合成苯酚、石油裂解和合成聚酰胺纤维等)、合成染料和制药厂等。这些废水中酚的变化范围可在 $1 \sim 800 \ mg \cdot L^{-1}$ 之间。生活污水中也含有酚,这主要来自粪便和含氮有机物的分解。一般来说,含酚废水的排放必然导致水体和土壤的污染,挥发到空气中,可使大气受到污染。例如,用含高浓度酚的废水灌溉农田,对作物有直接的毒害作用,主要表现为抑制光合作用和酶的活性,妨碍细胞膜的功能,破坏植物生长素的形式,影响植物对水分的吸收。

(二)酚的迁移转化

自然土壤中,酚主要存在于腐殖质中或施入的有机肥料中,外源酚主要存在于土壤溶液中以极性吸附方式被土壤胶体吸附,也有极少部分与其他化学物质相结合,形成结合酚。因此,进入土壤的酚受土壤微粒的阻滞、吸附而大量留在土层上层,其中大部分经挥发而逸散进入空中,这是土壤外源酚净化的重要途径,其挥发程度与气温成正比,酚的迁移转化还与下列因素有关。

(1)土壤微生物对酚具有分解净化作用。例如,细菌、多酚氧化酶和一些分解酶的多种细菌,能迅速分解酚,其净化机制为生物化学分解,分解速度取决于配化合物的结构、起始浓度、微生物条件、温度等因素。

(2)植物对酚的吸收与同化作用。进入土壤的外源酚,可以通过植物的维管束输送到植物各器官,尤其是生长旺盛的器官。进入植物体内的酚,很少是游离状态存在,大多与其他物质形成复杂的化合物,另外,植株也可以将吸收的苯酚中的一部分转化成二氧化碳放出。

(3)土壤空气中的氧对酚类化合物具有氧化作用。其氧化速率非常缓慢，其最后分解产物为二氧化碳、水和脂肪。

土壤及植物对酚具有一定的净化作用，但当外源酚含量超过其净化能力时，将微成酚在土壤中的积累，并对作物产生毒害。

二、氟在土壤中的迁移与累积

（一）氟污染

氟是一种具有毒性的元素。地方性氟中毒就是由于长期摄入过量的氟化物所造成的，其主要症状表现为氟斑牙和氟骨症。氟也是重要的生命必需微量元素，适量的氟可防止血管钙化，氟不足时常出现佝偻病、骨质松脆和新齿流行。

氟在自然界的分布主要以萤石（CaF_2）、冰晶石（Na_3AlF_6）和磷灰石[$Ca_5F(PO_4)_3$]等三种矿物形式存在。因此，土壤环境中氟的污染主要来源：一是上述富氟矿物的开采和扩散；二是在生产过程中使用含氟矿物或氟化物为原料的工业，如炼铝厂、炼钢厂、磷肥厂、玻璃厂、砖瓦厂、陶瓷厂和氟化物生产厂（如塑料、农药、制冷剂和灭火剂等）的"三废"排放；三是燃烧高复原煤所排放到环境中的氟。所以，在这些矿山、工厂和发电厂附近，以及施用含磷肥的土壤中容易引起氟污染。此外，引用含氟超标的水源（地表水或地下水）灌溉农田；或因地下水中含氟量较高，当干旱时氟随水分的上升、蒸发而向表层土壤迁移、累积，也可导致土壤环境的氟污染。

（二）土壤中氟的迁移与累积

土壤中的氟，可以各种不同的化合物形态存在，且大部分为不溶性的或难落性的。以难溶形态存在的氟不易被植物吸收，对植物是安全的。但是，土壤中的复化物，可随水分状况以及土壤的 pH 等条件的改变而发生迁移转化。例如，当土壤的 pH 小于 5 时，土壤中活性 Al^{3+} 的量增加，F^- 可与 Al^{3+} 形成可溶性配离子 AlF^{2+}、AlF^{2+}，而这两种配离子可随水进行迁移且易被植物吸收，并在植物体内累积。但当在酸性土壤中加入石灰时，大量的活性氟将被 Ca^{2+} 牢固地固定下来，从而可大大降低水溶性的氟含量。

在碱性土壤中，因为 Na^+ 含量较高，通常以 NaF 等可溶盐的形式存在，从而增大了土壤溶液中 F^- 的含量，并可引起地下水源的污染。当施入石膏后，可相对降低土壤济液中 F^- 的含量。

F^- 相对交换能力较强，易与土壤中带正电荷的胶体，如含水氧化铝等相结合，甚至可以通过配位基交换生成稳定的配位化合物，或生成难溶性的氟铝硅酸盐、氟磷酸盐,以及氟化钙、氟化镁等,从而在土壤中累积起来。因此,受氟污染的地区,土壤中氟含量可以逐年累积而达到很高值。例如,浙江杭嘉湖平原土壤含氟量平均约 400 mg·kg^{-1},高出全国平均含量的1倍。

植物对土壤中氟的迁移与累积有着特殊的作用。土壤中的氟化物通过植物根部的吸收,经茎部积累在叶组织内,最后集积在叶的尖端和边缘部分。植物的叶片也可直接吸收大气中气态的氟化物。植物对氟的吸收,使氟从简单到复杂,从无机向有机转化,从分散到集中,最终以各种形态富集在土壤表层。

第五章　环境生物化学

许多化学品已经超出了环境系统自然净化的能力,从而在环境中累积,造成污染。而自然界中的微生物能够针对变化的目标污染物,发掘出新的催化路径,以获得碳源、能源以及营养元素或只是为了解除污染物的毒性。然而,揭示污染物的降解过程非常困难,因为污染物的数量众多,在环境中多数浓度较低,而且微生物在对其降解和转化中产生许多未知的化学物质。我们通过对生物转化与生物降解机理进行解析,从各种生物酶的作用出发,不断揭示新的生物降解路径,分析物化条件与微生物自身的生理条件对生物转化降解能力的进化和影响,从而促进生物修复在实际中的应用。

第一节　污染物在生物体内的迁移

一、生物富集

生物富集(bioconcentration)又称生物浓缩,是生物有机体或处于同一营养级上的许多生物种群,从周围环境中蓄积某种元素或难分解化合物,使生物有机体内该物质的浓度超过环境中浓度的现象。生物富集的程度用富集系数或浓缩系数(bioconcentration factor,BCF)表示,即生物机体内某种物质的浓度和它所生存的环境中该物质浓度的比值。

$$BCF = \frac{c_b}{c_e}$$

式中,BCF 为生物的富集系数或浓缩系数;c_b 为某种元素或难降解物质在机体中的浓度;c_e 为某种元素或难降解物质在机体周围环境中的浓度。

浓缩系数与物质本身的性质及生物和环境等因素有关。同一种生物对不同物质的浓缩系数有很大差别。例如,褐藻对钼的浓缩系数是 11,对铅的浓缩系数却高达 70 000,相差悬殊。此外,即使是同一种物质,在不同的环境条件下,浓缩系数也是不同的。生物浓缩对于阐明物质或元素在生态系统中的迁移转化规律,评价和预测污染物进入环境后可能造成的危害,以及利用生物对环境进行检测净化等均有重要意义。水生生物对水中难降解物质的富集速率，是生物对其吸收速率、消除速率及由生物体质量增长引起的物质稀释速率的代数和。吸收速率 R_a、消除速率 R_e 及稀释速率 R_g 的表达式为

$$R_a = k_a c_w$$
$$R_e = -k_e c_f$$
$$R_g = -k_g c_f$$

式中，k_a、k_e、k_g 分别为水生生物的吸收速率常数、消除速率常数和稀释速率常数；c_w、c_f 分别为水及生物体内的瞬时物质浓度。

水生生物富集速率方程为

$$dc_f/dt = k_a c_w - k_e c_f - k_g c_f \tag{5-1}$$

如果富集过程中生物量增长不明显，则 k_g 可忽略，则

$$dc_f/dt = k_a c_w - k_e c_f \tag{5-2}$$

通常情况下，水体足够大，水中物质浓度 c_w 可视为恒定，设 $t=0$ 时 $c_w=0$ 求解式(5-1)和式(5-2)，水生生物富集速率方程为

$$c_f = \frac{k_a c_w}{k_e + k_g}\left[1 - \exp(-k_e - k_g)t\right]$$

$$c_f = \frac{k_a c_w}{k_e}\left[1 - \exp(-k_e)t\right]$$

由此可以看出，水生生物浓缩系数 c_f/c_w 随时间延续而增大，先期增大比后期迅速，当 $t \to \infty$ 时，生物浓缩系数依次为

$$\text{BCF} = \frac{c_f}{c_w} = \frac{k_a}{k_e + k_g}$$

$$\text{BCF} = \frac{c_f}{c_w} = \frac{k_a}{k_e}$$

说明在一定条件下，生物浓缩系数有一阈值，此时水生生物富集达到动态平衡，生物浓缩系数常指生物富集达到平衡时的 BCF 值，可由实验和计算获得。

二、生物积累

生物积累(bioaccumulation)是指生物通过吸收、吸附、摄食等途径，从周围环境吸收并逐渐积蓄了某种元素或难降解的化学品，而且这种能力贯穿于整个生活周期，这些物质在生物体内的蓄积随该生物体的生长发育而不断增多，导致该化学品在机体内浓度超过周围环境的浓度的现象。

生物积累也可以用生物浓缩系数表示,生物放大和生物富集都属于生物积累。以水生生物为例,其对某化学污染物质的生物积累可用如下微分方程表示:

$$\frac{dc_i}{dt}=k_{ai}c_w+a_{i,i-1}W_{i,i-1}c_{i-1}-(k_{ei}+k_{gi})c_i$$

式中,c_w 为生物生存水环境中某化学物质的浓度,$\mu g \cdot L^{-1}$;c_i、c_{i-1} 分别为食物链 i 级和 $i-1$ 级生物中该物质浓度,$\mu g \cdot L^{-1}$;$a_{i,i-1}$ 为 i 级生物对 $i-1$ 级生物中该物质的同化率;W_{i-1} 为 i 级生物对 $i-1$ 级生物的摄食率;k_{ai}、k_{ei}、k_{gi} 分别为 i 级生物对该化学物质的吸收速率常数,消除速率常数和生长速率常数。

环境中物质浓度的大小对生物积累的影响不大,但生物积累过程中,不同种生物、同一种生物的不同器官和组织,对同一种元素或物质的平衡浓缩系数的数值,以及达到平衡所需的时间,可能有很大差别。甚至同种生物的个体大小,其生物积累程度也各不相同。生物个体大小同积累量的关系,比该生物所处营养级的高低更为重要。实验表明,生物体对物质分子的摄取和保持,不仅取决于被动扩散,而且取决于主动运输、代谢和排泄,这些过程对生物积累的影响都是随生物种的不同而异。

水生生态系统中,单细胞的浮游植物能从水中很快地积累污染物,如重金属和有机卤代化合物,其摄取主要是通过吸附作用。因此,摄取量是表面积的函数,而不是生物量的函数。同等生物量的生物,其细胞较小者所积累的物质多于细胞较大者。在水生生态系统的水生食物链中,对重金属和有机卤代化合物积累得最多的通常是单细胞植物,其次是植食性动物。鸟类既能从水中,也能从食物中进行生物积累。陆地环境中的生物积累速率通常不如水环境高。就生物积累的速率而言,土壤无脊椎动物大得多。在大型野生动物中,生物积累的水平相对来说是比较低的。

生物机体对化学性质稳定的物质的积累性可作为环境监测的一种指标,用以评价污染物对生态系统的影响,研究污染物在环境中的迁移转化规律等。

三、生物放大

生物放大(biomagnification)是环境污染物通过食物链的传递使居于食物链后位的生物体内的污染物浓度高于前位的生物体内浓度的过程。生物放大的程度也是用富集系数表示的,例如,处于食物链末位的人体内 DDT 浓度可比其在水生植物中的浓度大(即放大了)1 000 倍。

因此,生物放大是针对食物链关系来说的,如果不存在这种关系,则可用生物富集这个词说明机体中物质浓度高于环境介质的现象。

污染物生物放大作用的产生是根据生态系统食物链的物质流动原理。假如 100 g 某物种 A 全部被物种 B 所食,那么,根据生态系统食物链的物质流动原理,100 g 物种 A 在物种 B 中被转化为 10 g。同样,当物种 B 全部被物种 C 所食,则 100 g 物种 A 在物种 C 中被转化为 1 g。因此,当物种 A 含有 $1\ mg \cdot kg^{-1}$ 污染物(如 DDT),那么在 100 g 物种 A 中的 DDT 总量为 0.1 mg。假如污染物在食物链转移过程中没有代谢和排泄损失,0.1 mg DDT 到达物种 C,DDT 的浓度增加到 $100\ mg \cdot kg^{-1}$,这是污染物在最简单食物链上的放大,事实上,生态系统中食物链关系错综复杂,而且污染物在食物链转移的过程中,由于生物机体代谢和排泄作用产生损失。

由于生物放大作用,进入环境中的污染物,即使是微量的,也会使生物尤其是处于高位营养级的生物受到毒害,甚至威胁人类健康。近年来,研究发现,许多环境致癌物在环境中是极其微量的,如二噁英,它具有难降解和生物放大作用,通过食物链转移,导致人群健康危害。因此,深入研究生物放大作用,特别是鉴别出食物链对哪些污染物具有生物放大的潜力,对于研究污染物在环境中迁移转化规律,确定环境中污染物的安全浓度、评价化学污染物的生态风险和健康风险等都有重要理论和现实意义。

第二节　污染物在生物体内的转运

一、化学物质通过生物膜的方式

外源物质被机体吸收、分布和排泄等在生物体内的各个过程,大多涉及其必须首先通过机体的各种生物膜。生物膜是细胞质与外界环境相隔开的一层屏障,包括外周膜和细胞内膜,其主要作用是维持微环境稳定,与外界环境不断进行物质交换、能量和信息的传递,对细胞的生存、生长、分裂、分化都至关重要。人体和动物机体的真核生物细胞具有调节物质转运和保持细胞稳态的胞浆膜,各种细胞器也有膜。所有这些膜的结构类似,只是脂质和蛋白质的含量各异。

生物膜主要是由磷脂双分子层和蛋白质镶嵌组成的厚度为 7.5～10 nm 的流动复杂体系。脂质类分子是双歧分子,由一个亲水极性"头部"(氨基酸、磷酸、甘油)和另一个非极性的双"尾部"(脂肪酸)组成。膜上的各种蛋白质以不同的镶嵌形式与磷脂双分子层相结合。此外还有部分糖类附着在膜的外侧,与膜脂或膜蛋白的亲水端相结合,构成糖脂和糖蛋白。这些蛋白质完善了膜的结构,也起到酶、载体、孔壁或受体的作用。膜是一种动态结构,能够根据功能的需要,可以分开或以蛋白质与脂质的不同比例加以重建。

生物膜是细胞或细胞器内外环境之间的一种选择性通透屏障。物质的跨膜运输对细胞的生存和生长至关重要,是细胞维持正常生命活动的基础之一,物质的跨膜方式包括被动运输(简单扩散和协助扩散),主动运输(ATP直接提供能量的主动运输、协同运输),胞吞和胞吐作用几种。

总之,物质以何种方式通过生物膜,主要取决于机体各组织生物膜的特性、物质的结构和理化性质(如脂溶性、水溶性、离解度、分子大小等)。被动协助扩散和主动转运是正常的营养物质及其代谢物通过生物膜的主要方式。除与前者类似的物质以这样方式通过膜外,大多数物质一般以被动扩散方式通过生物膜。膜孔滤过和胞吞、胞吐在一些物质通过生物膜的过程中发挥作用。

二、化学物质的生物转运

在一般情况下,化学污染物经由受污染的大气、水体或土壤迁移进入生物圈。此后即开始在生物圈内的迁移转化过程。污染物在生物体内可能逐渐发生积累、浓缩作用,并在生态系统的食物链传递过程中发生生物放大作用。主要的生物转化过程有生物氧化还原、生物甲基化及生物降解等。

污染物在生物机体内的运动过程包括吸收、分布、排泄和生物转化。前三者统称转运,而排泄和生物转化又称为消除。

(一)吸收

吸收是污染物质从有机体外,通过各种途径透过体膜进入血液的过程。污染物质进入人体被吸收后,一般通过血液循环输送到全身。血液循环把污染物质输送到各器官(如肝、肾等),对这些器官产生毒害作用;也有些毒害作用如砷化氢气体引起的溶血作用,在血液中就可以发生。污染物质的分布情况取决于污染物与机体不同的部位的亲和性,以及取决于污染物质通过细胞膜的能力。脂溶性物质易于通过细胞膜,此时,经膜通透性对其分布影响不大,组织血流速度是分布的限制因素。污染物质常与血液中的血浆蛋白质结合,这种结合呈现可逆性,结合与解离处于动态平衡。只有未与蛋白结合的污染物质才能在体内组织进行分布。因此与蛋白结合率不高的污染物,在低浓度下几乎全部与蛋白结合,存留于血浆中。但当其浓度达到一定水平,未被结合的污染物质剧增,快速向机体组织转运,组织中该污染物质明显增加。而与蛋白结合率低的污染物质随浓度增加,血液中未被结合的污染物质也逐渐增加。故对污染物质在体内分布的影响不大。由于亲和力不同,污染物质与血浆蛋白的结合受到其他污染物质及机体内源性代谢物质置换竞争的影响,该影响显著时,会使污染物质在机体内的分布有较大的改变。

1.呼吸系统吸收

呼吸系统是吸收大气污染物的主要途径,其主要吸收部位是肺。肺泡数量多(约 3 亿个),表面积大($50\sim100$ m²)。相当于皮肤吸收面积的 50 倍。由肺泡上皮细胞和毛细血管内皮细胞组成的"呼吸膜"很薄,且遍布毛细血管,血容量充盈,便于污染物经肺迅速吸收进入血液。不同形态的气态污染物经呼吸系统吸收的机理不一。

例如,以气体和蒸气存在的化合物,到达肺泡后主要经过被动扩散,通过呼吸膜吸收入血液。其吸收速率与肺泡和血液中毒物的浓度差(分压)呈正比。由于肺泡与外环境直接相通,当呼吸膜两侧分压达到动态平衡时,吸收即停止。与此同时,血液中污染物还要不断地分布到全身器官及组织中,致使血液中浓度逐渐下降,其结果是呼吸膜两侧原来的动态平衡被破坏,随后将达到一种新的平衡,即血液与组织器官中污染物浓度的平衡。

2.经消化道吸收

饮水和由大气、水、土壤进入食物链中的环境污染物均可经消化道吸收,消化道是环境污染物最主要的吸收途径。环境污染物在消化道中主要以简单扩散方式通过细胞膜被吸收。哺乳动物在胃肠道中还以特殊的转运系统,吸收营养物质和电解质物质,如葡萄糖、乳糖、铁、钙和钠的转运系统。环境污染物也能被相同的转运系统所吸收,外来化合物在消化道吸收的多少与其浓度和性质有关,浓度越高吸收越多;脂溶性物质较易吸收,水溶性易离解的物质不易吸收。有些环境污染物可通过竞争作用,经过这些主动转运系统而吸收。例如,5-氟尿嘧啶(5-Fu)的吸收即可通过嘧啶转运系统;铊、钴、锰可由铁蛋白转运系统而吸收;铅及某些具有二价正电荷的重金属可由钙转运系统而被吸收。小肠中的吸收与胃中相似,主要是通过单纯扩散。

3.皮肤吸收

皮肤吸收也是一些污染物进入机体的途径。如多数有机磷农药,可透过完整皮肤引起中毒或死亡;CCl_4 经皮肤吸收而引起肝损害等。皮肤接触的污染物,常以被动扩散相继通过皮肤的表皮脂质屏障,即污染物→角质层→透明层→颗粒层→生发层和基膜(最薄的表皮只有角质层和生发层)→真皮,再滤过真皮中毛细血管壁膜进入血液。污染物也可通过汗腺、皮脂腺和毛囊等皮肤附属器,绕过表皮屏障直接进入真皮。由于附属器的表面积仅占表皮面积的 $0.1\% \sim 1\%$,故此途径不占主要地位,但有些电解质和某些金属能经此途径被少量吸收。

经皮肤吸收的污染物必须既具有脂溶性又具有水溶性,相对分子质量低于 300,处于液态或溶解态,油/水分配系数接近 1,呈非极性的脂溶性污染物最容易经皮肤吸收。

环境污染物经皮肤吸收的速度除与皮肤完整与否及不同部位的皮肤有关外,还取决于污染物本身的理化性质,以及化合物与皮肤接触的条件。如化合物本身的扩散能力与角质层的亲和力、接触皮肤的面积、持续时间、皮肤表面的温度、不同溶剂的影响等。例如酸碱可损伤皮肤屏障,增加渗透性,二甲基亚砜作溶剂可增加角质层的通透性,从而促进皮肤对污染物的吸收。此外,劳动强度大的皮肤充血也可促进皮肤吸收。

4.植物对污染物的吸收

环境污染物进入植物体内主要有三条途径。

(1)根部吸收以及随后随蒸腾流而输送到植物各部分。根部吸收污染物主要有两种方式:主动吸收过程和被动吸收过程,前者需消耗能量,后者包括吸收、扩散和质量流动。

(2)暴露在空气中的植物地上部分,主要通过植物叶片上的气孔从周围空气中吸收污染物,是植物对大气污染物吸收的主要方式,如 SO_2、NO_x、O_3 等。

(3)有机化合物蒸气经过植物地上部表皮渗透而摄入体内。

(二)分布

分布是指污染物质被吸收后或其代谢转化物质形成后,由血液转送至机体各组织,与组织成分结合,并从组织返回溶液及其往复进行的过程。在污染物质的分布过程中,污染物质的转运以被动扩散为主。脂溶性污染物质易于通过生物膜,经膜通透性对其分布影响不大,组织血流速度是分布的限速因素。因此他们在血流丰富的组织(如肾、肝、肺)的分布,远比血流少的组织(如皮肤、肌肉、脂肪)中迅速。

与一般器官组织的多孔性毛细血管壁不同,中枢神经系统的毛细血管壁内皮细胞相互紧密相连,几乎无间隙。当血液内污染物质进入脑部时,必须穿过毛细血管壁内皮细胞的血脑屏障,此时污染物质的经膜通透性成为其转运的限速因素。高脂溶性低解离度的污染物质(如甲基汞等化合物)经膜通透性好,容易通过血脑屏障,由血液进入脑部。非脂溶性污染物质很难进入脑部,如无机汞化合物。污染物质由母体转运到胎儿体内,必须经过由数层生物膜组成的胎盘,称为胎盘屏障,也同样受到经膜通透性的控制。

污染物质常与血液中的血浆蛋白质结合,这种结合呈可逆性,结合与解离处于动态平衡。只有未与蛋白结合的污染物质才能在体内组织进行分布。因此与蛋白结合率高的污染物质,在低浓度下几乎全部与蛋白结合,存留在血浆内;当其浓度达到一定的水平时,未被结合的污染物质剧增,快速向机体组织转运,组织中该污染物质的分布显著增加。而与蛋白结合率低的污染物质,随其浓度的增加,血液中未被蛋白结合的污染物质浓度也逐渐增加,故对污染物质在体内分布的影响不大。由于亲和力的不同,污染物质与血浆蛋白的结合受到其他污染物质及机体内源性代谢物质的置换竞争影响,该影响显著时,会使污染物质在机体内的分布有较大的改变。

有些污染物质可与血液的红细胞或血管外组织蛋白相结合,也会明显影响它们在机体内的分布。如肝、肾细胞内有一类含巯基氨基酸的蛋白,易与锌、镉、汞、铅等重金属结合成复合物,称为金属硫蛋白。因此在肝、肾中这些污染物质的浓度,可以远远超出其血液浓度的数百倍。在肝细胞内还有一种 Y 蛋白,易与很多有机阴离子结合,这对于有机阴离子转运进入肝细胞起着重要的作用。

(三)污染物的排泄

污染物的排泄是指进入机体的环境污染物及其代谢转化产物向机体外的转运过程。排泄器官主要有肾、肝、胆、肠、肺、外分泌腺等,其主要途径是通过肾脏进入尿液和通过肝脏的胆汁进入粪便。

肾脏是环境污染物最重要的排泄器官,其转运方式是肾小球滤过和肾小管主动转运。除相对分子质量在 20 000 以上或与血浆蛋白结合的环境污染物外,一般进入机体的环境污染物都可经肾小球滤过进入尿液。有些存在于血浆中的环境污染物则可通过肾小管的近曲小管上皮细胞主动转运,而进入肾小管腔,随尿液排出。如肾的近曲小管具有有机酸和有机碱的主动转运系统,能分别分泌有机酸(如羧酸、磺酸、尿酸、磺酰胺)和有机碱(如胺、季铵)。

随同胆汁排泄也是一种主要排泄途径。肠胃道吸收的环境污染物,通过静脉循环进入肝脏,被代谢转化。其代谢物和未经代谢的环境污染物,主要通过主动转运,进入胆汁,随粪便排出。随同胆汁排泄的污染物少数是原形物质,多数是原形物质在肝脏经代谢转化形成的产物。一般,相对分子质量在 300 以上、分子中具有强极性基团的化合物,即水溶性大、脂溶性小的化合物,胆汁排泄良好。

值得注意的是有些高脂溶性物质由胆汁排泄,在肠道中又被吸收,该现象称为肠肝循环。能进行肠肝循环的污染物,在体内停留时间通常较长。如甲基汞化合物主要通过胆汁从肠道排出,由于肠肝循环,使其生物半衰期平均达 70 d,排除甚慢。

(四)蓄积

人体长期接触某污染物质,若吸收超过排泄及其代谢转化,则会出现该污染物质在体内逐渐增加的现象,称为生物蓄积。蓄积量是吸收、分布、代谢转化和排泄各量的代数和。人体的某些部位对有毒害的污染物质具有富集和储存作用。肝和肾能富集某些有毒害的污染物质,因为它们参与从体内清除有毒代谢物的代谢过程。脂肪组织能富集许多难溶于水的具有亲脂性的有毒物质。如 DDT(双对氯苯基三氯乙烷、农药)、氯丹(农药)以及多氯联苯等。骨骼能够储存几种无机物,因为它含有无机羟基磷灰石。如离子大小和性质类似的铅和锶等金属元素可以代替其中的钙离子,而且 F^- 可以取代 OH^-。放射性的锶在骨骼中积累能引起骨癌,过多的氟积累在骨骼中会引起氟骨症。机体长期接触某污染物质,若吸收超过排泄及其代谢转化,则会出现该污染物质在体内逐渐增加的现象,称为生物蓄积。人体的主要蓄积部位是血浆蛋白、脂肪组织和骨骼。

某一污染物在机体或机体某个部位的蓄积能力可用生物半衰期值大小来衡量。一定量的污染物一次性进入机体后,由于生物代谢和排泄等作用,引起污染物在生物体内的贮留量减半所需的时间就称生物的半衰期,符号 $t_{1/2}$。例如,镉在人体的肾部位和全身的 $t_{1/2}$ 分别为 8 年和 13 年。如果认为污染物在机体内的衰减过程是一级反应,则其在机体内或体内某部位的浓度随时间而变化的关系符合下式:

$$-\frac{dc}{dt}=kc$$

式中,k 为衰减常数;c 为污染物的浓度。根据上式和 ln 的定义,可推导得

$$t_{1/2}=\frac{0.693}{k}$$

有些污染物的蓄积部位与毒性作用部位相同。如农药百草枯在肺部,

一氧化碳在红细胞血红蛋白中的集中就是这样。有些污染物的蓄积部位与毒性作用部位不一致，如 DDT 在脂肪组织中蓄积，而毒性作用部位却是神经系统及其他脏器；铅集中于骨骼，而毒性作用部位在造血系统、神经系统和胃肠道等。蓄积部位中的污染物质，常同血浆中游离型污染物质保持相对稳定的平衡。当污染物质从体内排出或机体不与之接触时，血浆中污染物质即减少，蓄积部位就会释放该物质以维持平衡。因此，在污染物质蓄积和毒性作用部位不一致时，首积部位可成为污染物内在的第二接触源，有可能引起机体慢性中毒。

第三节　污染物的微生物转化与降解

水溶性高的有毒物质，例如能离子化的羧酸，比较容易通过排泄系统从生物体内清除，一般不需要生物酶参与代谢，而对于难溶于水的亲脂性外源化合物，一般需要生物酶参与代谢，进行生物转化。

污染物的生物转化是指污染物（或外源化合物）进入生物机体中，经酶催化作用转化为代谢产物的过程。

研究结果发现，生物转化能使一些外源性化合物消除或降低毒性，或者转化为易于排出的物质，因而曾称之为解毒作用（失活）。但是随后的研究表明，生物转化的结果并非全然如此，例如，2-乙酰氨基芴（AAF，一种前致癌物，即不具活性的致癌物质）经过生物转化（包括混合功能氧化酶催化的氧化反应与硫酸化结合反应）后能转变成具有生物活性的终致癌物（硫酸 AAF），这种现象称为增毒作用（活化）。近年来的研究还发现生物转化酶的诱导及其活性升高可加速内源性化合物的代谢，导致机体生理功能的异常。如某些外源性化合物诱导体内葡萄糖苷转移酶（UDPGT），使其活性升高，加速体内性激素（睾酮）的代谢而排出体外，从而影响体内性激素水平，导致繁殖功能的伤害。总之，生物转化过程极其复杂，同一种外源性化合物可以进行不同形式的转化反应，形成各种不同的代谢产物，导致不同的生物学效应。

一、生物转化过程

污染物的生物转化途径复杂多样，但其反应类型主要为氧化、还原、水解和结合。Williams（1959）把污染物的生物转化过程分为两种主要类型：第一阶段反应，即外源性化合物在有关酶系统的催化下经由氧化、还原或水解反应而改变其化学结构,形成某些活性基团(如—OH、—SH、—COOH、—NH$_2$等)或进一步使这些活性基团暴露;第二阶段反应,即第一阶段反应产生的一级代谢物在另外的一些酶系统催化下通过上述活性基团与细胞内的某些化合物结合,生成结合产物(二级代谢物)。结合产物的极性(亲水性)一般有所增强,利于排出。经第一阶段反应产生的一级代谢产物也可直接排出体外,或直接对机体产生毒害作用。此外,也有一些外源性化合物本身已含有相应的活性基团,因而不必经过第一阶段,即直接进入第二阶段与细胞内的物质结合而完成生物转化。已知许多外源性化合物可在器官和组织中进行生物转化,其主要场所是肝脏,其他有肺、胃、肠和皮肤等。第一阶段反应和第二阶段反应是连续的过程,如图 5-1 所示。

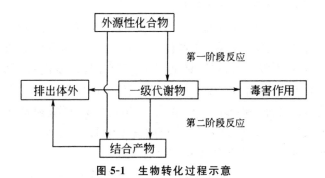

图 5-1 生物转化过程示意

(一)第一阶段反应(Phase I reaction)

生物体中亲脂性外源化合物一般要进行第一阶段反应,引入一个适于与葡萄糖、肽和氨基酸等高极性内源性化合物相结合的极性功能基团,如—OH,使之具有比原毒物较高的水溶性和极性。图 5-2 所示为第一阶段反应示意图。

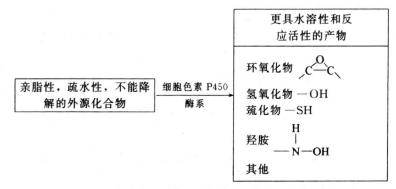

图 5-2 第一阶段反应示意图

1.氧化反应类型

细胞色素 P450 酶系是生物体对许多外来化合物代谢的关键酶系统，是广泛分布于动物、植物和微生物体内的一类代谢酶系。氧化反应主要是在细胞色素 P450 酶系的催化下进行的。细胞色素 P450 酶系曾被冠以多种名称：微粒体混合功能氧化酶(MFO)、单加氧酶、芳香烃羟化酶、药物代谢酶等。细胞色素 P450 酶可分为线粒体和微粒体两种类型，微粒体 P450 特别是肝微粒体 P450 具有非常宽而重叠的底物专一性，可以催化成千上万的反应，甚至对具有相似化学结构的底物也表现出多种反应类型。典型的 P450 催化反应是通过电子传递系统，将分子氧还原，并将其中的一个氧原子加到底物中，反应需 NADPH。

$$RH + O_2 + NADPH + H^+ \longrightarrow ROH + H_2O + NADP^+$$

微粒体混合功能氧化酶(细胞色素 P450 酶系)涉及的反应机理有羟化、环氧化、杂原子脱烷基、双键氧化、杂原子氧化等。催化的主要反应有烷基的羟化，烷的环氧化，羟基的氧化，氨、氧、硫部位上的脱烷基化，氨基部位上的羟基化和氧化，硫部位上的氧化，氧化性脱氨、脱氢和脱卤素，氧化性的 C—C 断裂以及一些还原催化反应等，具体如下。

(1)脂肪族羟化。脂肪族侧链(R)通常在末端第一个碳原子或第二个碳原子被氧化。例如农药八甲磷(OMPA)在体内转化成 N-羟甲基八甲磷。

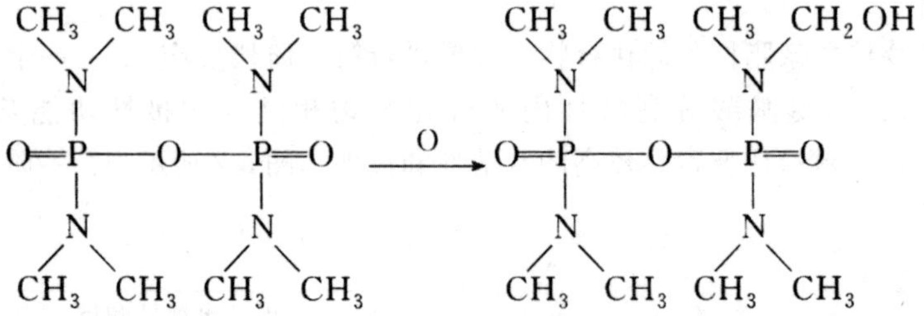

八甲磷　　　　　　　　　　　N-羟甲基八甲磷

(2)芳香族羟化。芳香族化合物多数羟化为酚类，其芳香环上 H 被氧化；羟化可出现于侧链上；某些芳香族化合物可形成环氧化物，经过重排成酚。

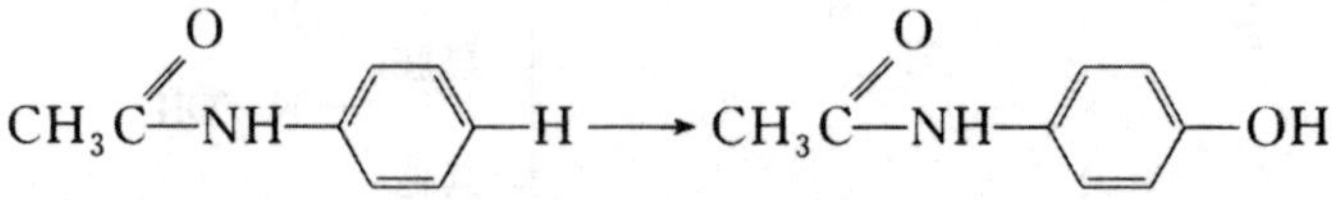

N-乙酰苯胺　　　　对羟基-N-乙酰苯胺

（3）N-羟化。芳香胺、伯胺、仲胺类化合物，氨基甲酸乙酯，乙酰氨基芴以及药物磺胺等都经此种方式氧化。其中乙酰氨基芴羟化成羟基乙酰氨基芴，是致癌物的中间体。芳香族经羟化产生羟氨基化合物，其毒性与羟化部位密切相关，如苯胺被 MFO 催化，经芳香环羟化为酚而解毒，经 N-羟化则产生 N-羟氨基苯，是高铁血红蛋白形成剂。又如 2-萘胺通过芳香族羟化生成 α-羟基-β-萘胺，可清除毒性便于排出，而 N-羟化产物 β-萘胺-N-氧化物则可致癌。

（4）环氧化。烯烃类在双键位置上加氧，产生极不稳定的环氧化物。例如氯乙烯,当吸入高浓度氧时可通过 MFO 作用形成环氧氯乙烯。

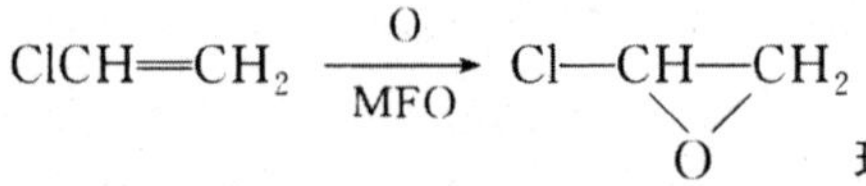

$$ClCH=CH_2 \xrightarrow[\text{MFO}]{O} Cl-CH-CH_2$$

环氧氯乙烯

这个中间体在中性溶液中的 $t_{1/2}$ 为 1.6 min,游离状态的环氧氯乙烯可形成氯乙醛,亦可被环氧物水解酶水解,或与谷胱甘肽(GSH)结合而便于排出,也可直接作用于 DNA 等生物大分子。

某些芳香族化合物也可形成环氧化物。

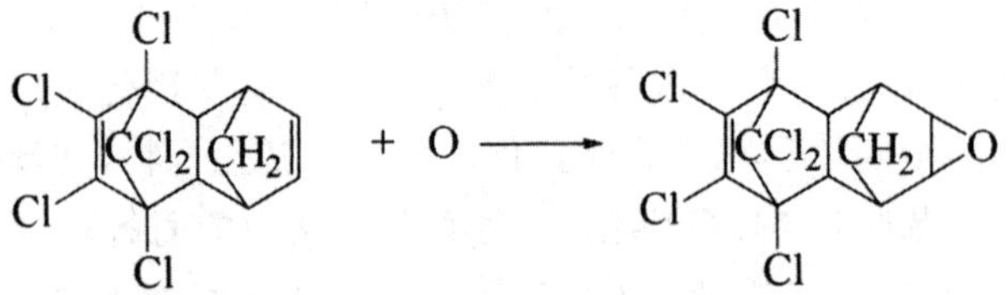

(艾氏剂)　　　　　　　　　(狄氏剂)

(5)N-氧化。如三甲胺进行 N-氧化生成三甲氨氧化物。

$$(CH_3)_3N \xrightarrow{[O]} (CH_3)_3NO$$

(6)P-氧化。如二苯基甲基磷进行 P-氧化生成二苯基甲基磷氧化物。

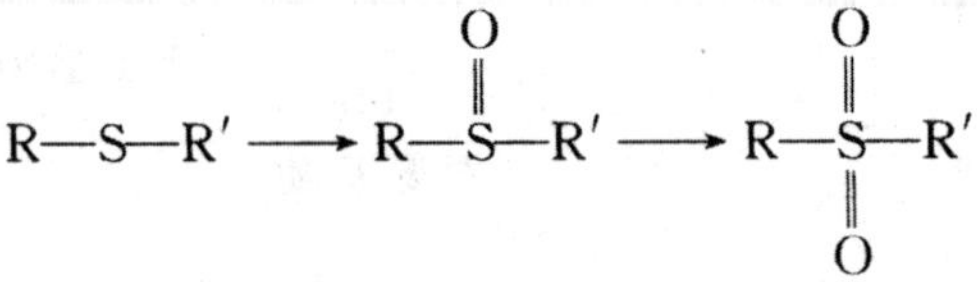

硫醚　　　　　亚砜　　　　　砜

(7)S-氧化。含硫化合物的氧化有两种,一种是硫醚类在氧化过程中生成亚砜与砜类。

这类反应在有机醚、氨基甲酸酯、有机磷与氯烃类农药中均可见到。例如,农药内吸磷在体内进行此类反应,其产物亚砜型内吸磷和砜型内吸磷毒性比母体高 5~10 倍。

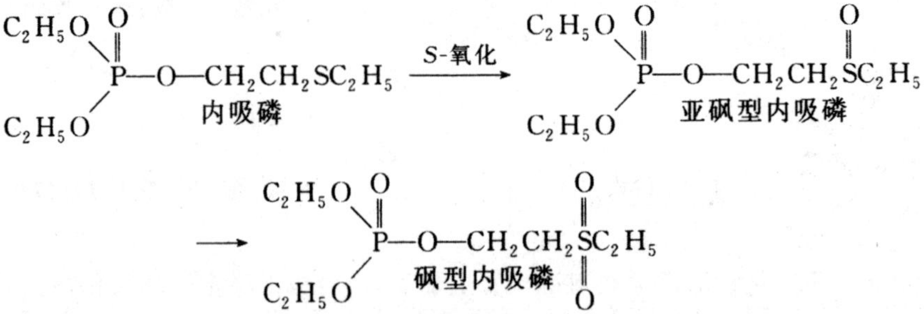

另一种是硫被氧取代,故又称为脱硫作用,这是硫代磷酸酯杀虫剂的重要反应。如农药对硫磷经此反应生成对氧磷。

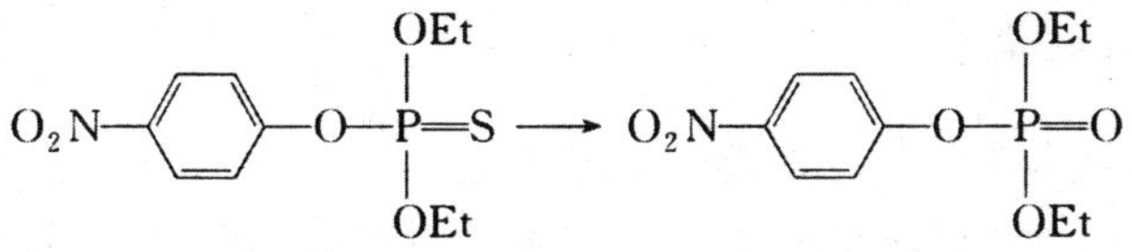

对硫磷   **对氧磷**

(8)氧化性脱烷基。许多在 N-、O-和 S-上带有短链烷基的化学物易被羟化,进而脱去烷基生成相应的醛和脱烷基产物。

N-脱烷基。如二甲基亚硝胺进行 N-脱甲基反应,脱下的甲基生成甲醛,其余部分可进一步转化释放出游离 CH_3^+,能使生物大分子发生烷化作用,引起突变和致癌。

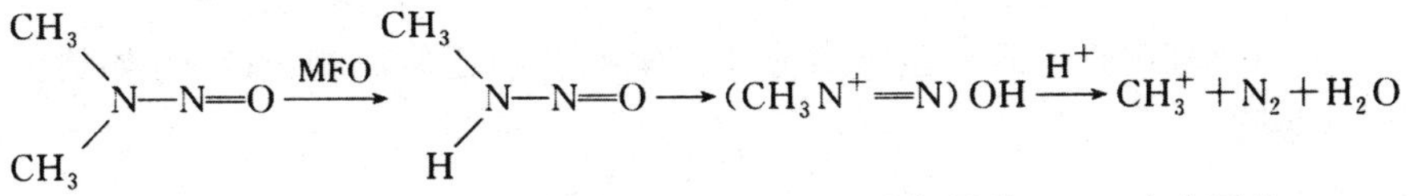

二甲基亚硝胺   **甲基亚硝胺**   **重氮甲烷**   **自由甲基**

O-脱烷基。如农药甲基对硫磷经 O-脱烷基反应生成一甲基对硫磷而解除毒性。

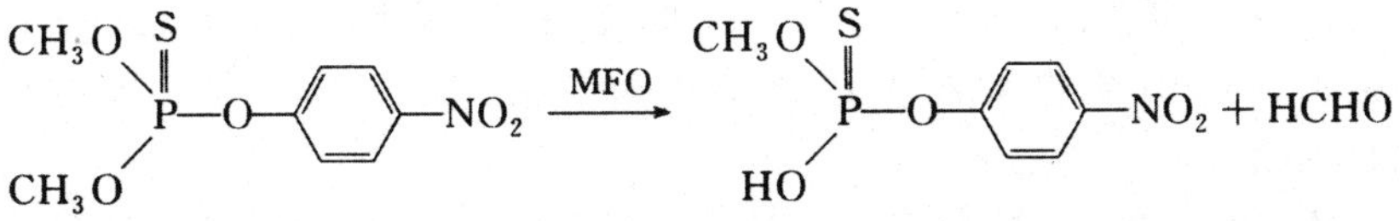

甲基对硫磷   **一甲基对硫磷**

S-脱烷基。主要见于一些醚类化合物,如甲硫醇嘌呤脱烷基后生成6-巯基硫代嘌呤。

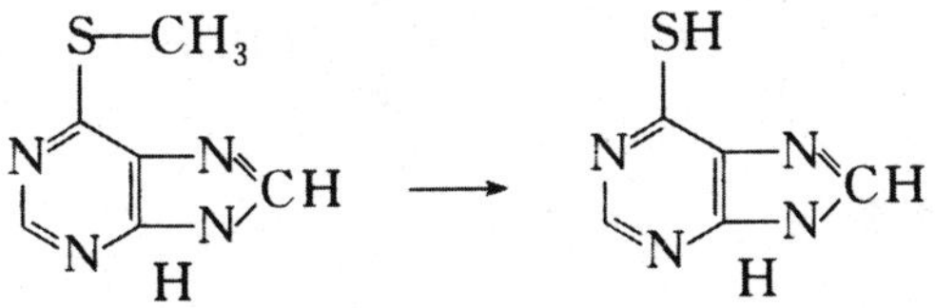

甲硫醇嘌呤   **6-巯基硫代嘌呤**

某些金属烷亦出现脱烷反应,如四乙基铅脱烷基后生成三乙基铅,其毒性增强。

(9)氧化性脱氨。胺类化类物在氧化的同时脱去一个氨基,例如苯丙胺代谢为苯丙酮。

（10）氧化性脱卤。如农药 DDT 氧化脱卤生成 DDE，后者性质稳定，无杀菌能力，为 DDT 的解毒方式之一。

2.还原反应类型

包括微粒体还原以及非微粒体还原反应。

外源性化合物毒物可通过微粒体酶作用而被还原，这些反应在肠道的细菌体内比较活跃，而在哺乳动物组织内较弱。

（1）硝基还原。硝基还原酶能使硝基化合物还原，生成相应的胺。如硝基苯→亚硝基苯→苯羟胺→苯胺。

$$
\text{NO}_2 \xrightarrow[-\text{H}_2\text{O}]{2\text{H}} \text{NO} \underset{\text{自发氧化}}{\overset{2\text{H}}{\rightleftharpoons}} \text{NHOH} \xrightarrow[-\text{H}_2\text{O}]{2\text{H}} \text{NH}_2
$$

（2）偶氮还原。偶氮还原酶能使偶氮化合物还原成相应的胺，如偶氮苯→苯胺。

$$
\text{偶氮苯} \xrightarrow{2\text{H}} \text{苯肼} \xrightarrow{2\text{H}} 2\,\text{苯胺}
$$

（3）还原性脱卤。$CHCl_3$、CCl_4、甲基萤烷、碳氟化物、六氯代苯等可在还原脱卤酶的催化下发生还原性脱卤反应，如 $CHCl_3$ 脱卤加氢，生成 CH_2Cl_2。

外源性化合物毒物可通过非微粒体还原作用而被还原，可逆脱氢酶是指起逆向作用的脱氢酶类，能使相应的底物加氢还原。包括醇、醛、酮、有机二硫化物、硫氧化物和氮氧化物等的还原反应，如醛的还原。

$$
\begin{matrix} R^1 \\ R^2 \end{matrix}\!\!C{=}O \xrightarrow{+2\text{H}} \begin{matrix} R^1 \\ R^2 \end{matrix}\!\!CHOH
$$

3.水解反应类型

许多污染物（主要为酯、酰胺和硫酸酯化合物）都有可以被水解的酯键。哺乳动物组织中有大量与水解有关的非特异性酯酶和酰胺酶。

（1）酯酶种类繁多，分布广泛，能水解各种酯类。水解作用是有机磷农药在哺乳类动物体内代谢的主要方式。如磷酸酯酶能使各种有机磷酸酯和硫代磷酸酯水解，生成相应的烷基磷酸及烷基硫代磷而失去毒性。

（2）酰胺酶能特异地作用于酰胺键，使其水解，其水解过程比酯酶慢，例如农药乐果的水解反应。

（3）糖苷酶能特异地使各种糖苷水解，例如硫代葡萄糖毒苷的水解反应。

（二）第二阶段反应（Phase Ⅱ reaction）

第二阶段反应亦称结合反应，指在酶的催化下，外源性化合物的第一阶段反应产物或带有某些基团的外源性化合物与细胞内物质的结合反应。结合反应一方面可使有毒化合物某些功能基团失活；另一方面大多数化合物通过结合反应，水溶性增加，很快由肾脏排出，因此结合反应是一种解毒反应。

结合反应的过程分为两个阶段，首先是形成一个活化的中间体，此过程一般需要 ATP。继而由多种转移酶将活化的中间体的一个化学基团作为供体转移到另一个化学物（受体），形成结合物。外源性化合物及其代谢产物一般为受体，而细胞内物质为供体。细胞内结合物质主要是各种核苷酸衍生物。此外,某些氨基酸(如甘氨酸、谷氨酰胺)及其衍生物(如谷胱甘肽)也是重要的结合物。供体都是细胞代谢的正常产物。图5-3所示为第二阶段反应示意图。

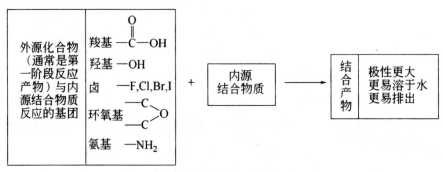

图5-3 第二阶段反应示意图

生物转化中的结合反应由于内源结合物种类的不同可分不同类型,如表5-1所示。

表5-1 结合反应的主要类型

结合反应类型	结合物	异物或某一级代谢物	结合反应类型	结合物	异物或某一级代谢物
葡萄糖醛酸化	UDPGA	酚、醇、羧酸、胺、磺胺、硫醇	乙酰化	乙酰辅酶A	胺、芳香胺、氨基化合物
硫酸化	PAPS	酚、芳香胺、醇	甘氨酸结合	甘氨酸	羧酸(以酰基辅酶A形式)
甲基化	SAM	多元酚、硫醇、胺、N-杂环化合物	谷胱甘肽结合	谷胱甘肽	卤化物、硝基化合物、环氧化物

若干重要的结合反应类型举例如下。

1.葡萄糖醛酸结合反应

在葡萄糖醛酸基转移酶的作用下,生物体内尿嘧啶核苷二磷酸葡萄糖醛酸中,葡萄糖醛酸基可转移到含羟基的化合物上,形成 O-葡萄糖苷酸结合物。所涉及的羟基化合物有醇、酚、烯醇、羟酰胺、羟胺等。芳香及脂肪酸中羧基上的羟基,也可与葡萄糖醛酸结合成 O-葡萄糖苷酸。例如:

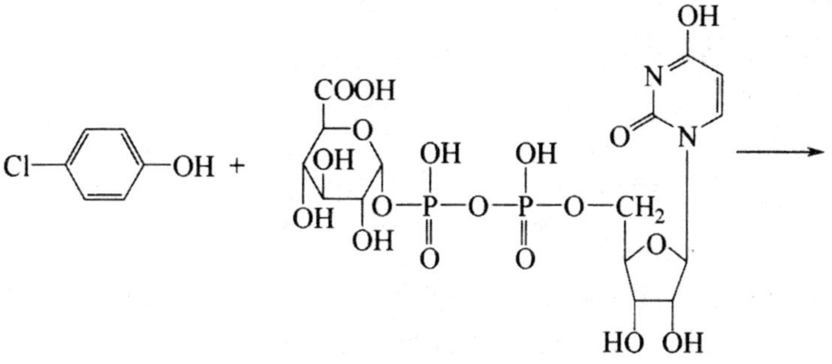

(UDPGA——尿嘧啶核苷二磷酸葡萄糖醛酸)

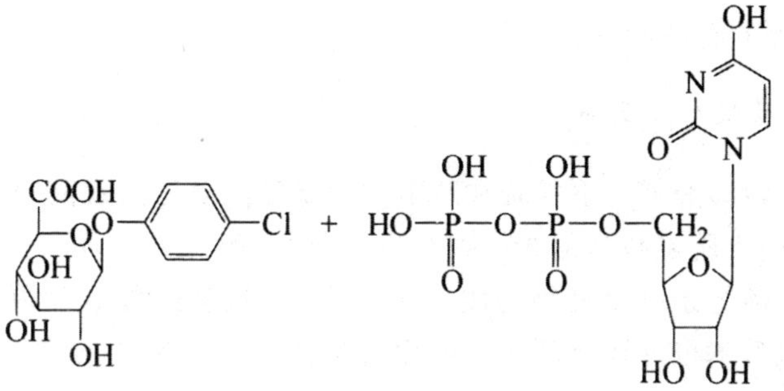

(对氯苯酚葡萄糖苷酸)　　　(UDP——尿嘧啶核苷二磷酸)

该结合反应在生物体中很常见也很重要。由于葡萄糖醛酸（$pK_a=$ 3.2)具有多个羟基,所以结合物呈现高度水溶性,有利于从体内排出。葡萄糖醛酸结合物的生成,可避免许多有机毒物对 RNA、DNA 等生物大分子的损伤,起到解毒作用。但也有少数结合物的毒性比原有有机物质更强。如与 2-巯基噻唑相比,其葡萄糖醛酸结合物的致癌性更强。

2.硫酸结合反应

在硫酸基转移酶的催化下,可将 $3'$-磷酸-$5'$-磷硫酸腺苷中硫酸基转移到酚或醇的羟基上,形成硫酸酯结合物。

PAPS + （3,4-二甲基酚） —硫酸基转移酶→ PAP + （3,4-二甲基酚硫酸）

一般形成硫酸酯结合物极性增加,易于排出体外,起到解毒作用。但有

些 *N*-羟基芳酰胺或 *N*-羟基芳胺与硫酸结合后毒性增强,如以下结合物可与核酸结合而具有致癌性。

虽然有较多有机物质可与硫酸成酯,但不少内源化合物需要硫酸盐进行反应,体内硫酸盐库不能提供足量的硫酸盐与外源化合物结合;而体内葡萄糖醛酸丰富,争夺可与硫酸结合的有机物质。此外,体内硫酸脂酶活性较强,形成的硫酸酯结合物较易被酶解而脱去硫酸盐。故硫酸结合反应不如葡萄糖醛酸结合反应重要。

3.谷胱甘肽结合反应

在相应转移酶催化下谷胱甘肽中的半胱氨酸及乙酰辅酶 A 的乙酰基,将以 *N*-乙酰半胱氨酸基形式加到有机卤化物(氟除外)、环氧化物、强酸酯、芳香烃、烯等亲电化合物的碳原子上,形成巯基尿酸结合物。此外,*N*-乙酰半胱氨酸基也可转至某些亲电化合物的氧或硫原子上,形成相应巯基尿酸结合物。亲电化合物如果与细胞蛋白或核酸上亲核基团结合,常引起细胞坏死、肿瘤、血液功能紊乱和过敏现象。谷胱甘肽结合反应解除了有害亲电化合物对机体的毒性。

（谷胱甘肽）　　（溴苯环氧化物）　　　　　　　（结合产物）

任何一种外源性化合物的生物转化方式不会是简单划一的,它们可同时进行不同的氧化还原或水解反应,此后又可继续进行不同类型的结合反应。此外,营养条件、激素功能、年龄、种族、个体差异等都对转化方式发生显著影响。

二、有机污染物的微生物降解

微生物是自然界中分布最广的一群生物,其形体微小,营养类型多,适应能力强,能利用各种不同的基质,在各种不同的环境中生长。微生物通过酶活性催化反应提供能量,使一些原先很慢的化学反应过程迅速提高到 11

个数量级。微生物可催化转化或降解许多有机污染物,因此,人们称微生物是"生物催化剂"。微生物催化反应的结果可以使毒性有机化合物全部降解为无机物,如 CO_2、无机产物(NO_3^-、PO_4^{3-}、SO_4^{2-}),称为矿化作用,也存在"脱毒"或"活化"反应。

(一)脂肪烃的微生物降解

碳原子数大于 1 的正烷烃,其降解途径有三种:通过烷烃的末端氧化、次末端氧化或双端氧化,逐步生成醇、醛及脂肪酸,再经 β-氧化进入三羧酸循环,最终降解成 CO_2 和 H_2O。正烷烃的微生物降解过程如图 5-4 所示。

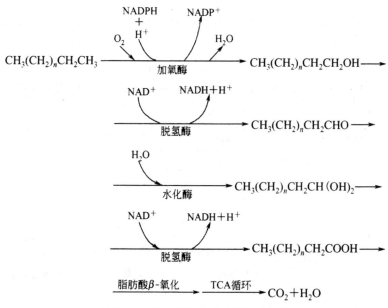

图 5-4　正烷烃的微生物末端氧化过程

烯烃的微生物降解途径主要是烯的饱和末端氧化,再经与上述正烷烃相同的途径成为不饱和脂肪酸;或是烯的不饱和末端双键环氧化成为环氧化合物,经开环成为二醇至饱和脂肪酸。脂肪酸通过 β-氧化进入三羧酸循环,最终降解成 CO_2 和 H_2O。烯烃的微生物降解过程如图 5-5 所示。

(二)芳香烃的微生物降解

虽然苯及其衍生物的微生物降解途径各不相同,但存在一定的共性:降解前期,带侧链芳香烃一般先从侧链开始分解,并在单加氧酶作用下,使芳环羟基化形成双酚中间产物;形成的双酚化合物在双加氧酶作用下,环的两个碳原子各加一个氧原子,使环键在邻酚位或间酚位分裂,形成相应的有机酸;得到的有机酸进一步转化为乙酰辅酶 A、琥珀酸等,进入三羧酸循环,最终降解成 CO_2 和 H_2O。苯的微生物降解途径如图 5-6 所示。

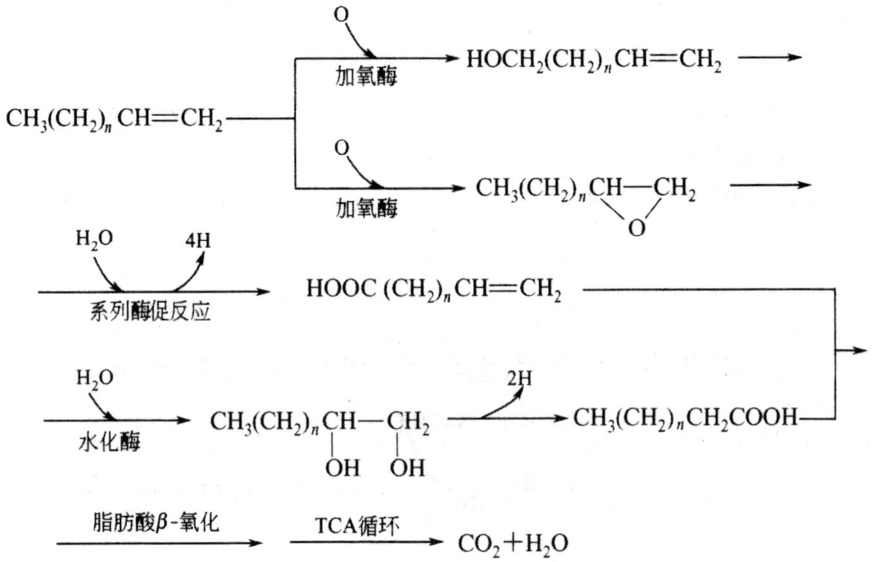

图 5-5　烯烃的微生物降解过程

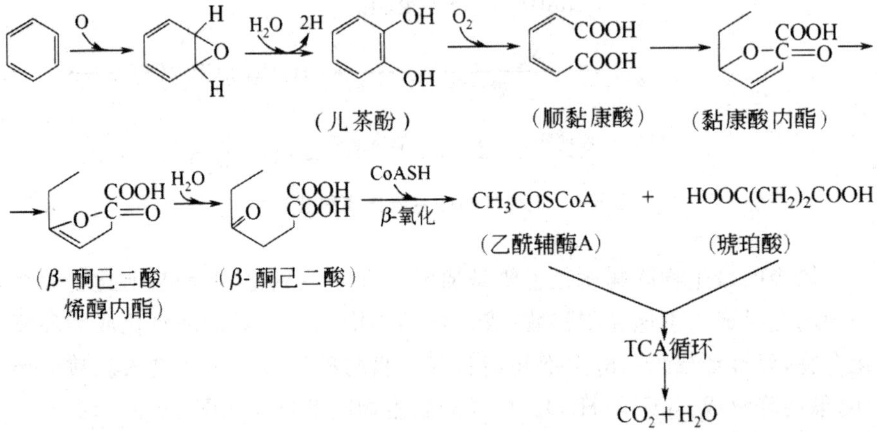

图 5-6　苯的微生物降解途径

　　萘、蒽、菲等二环和三环芳香化合物,微生物降解是先经过单加氧酶作用形成双酚中间产物,再在双加氧酶作用下逐一开环形成侧链,再按直链化合物方式转化,最终降解成 CO_2 和 H_2O。降解途径如图 5-7 所示。

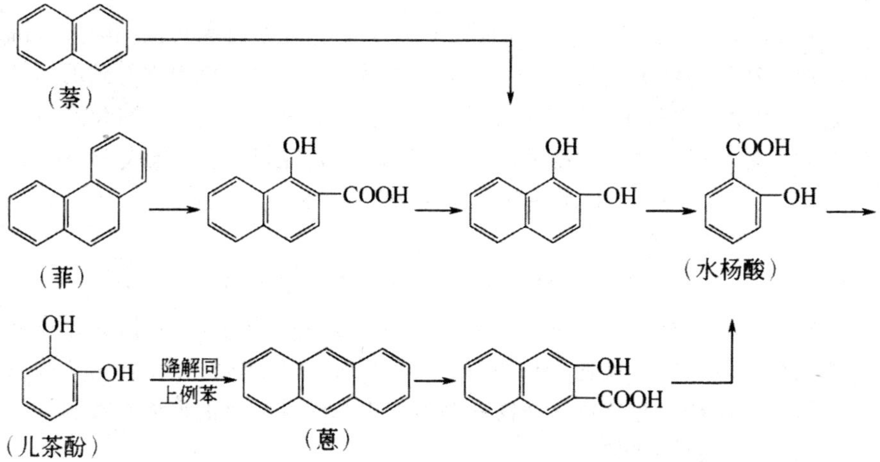

图 5-7　萘、蒽、菲的微生物降解途径

　　TNT(2,4,6-三硝基甲苯)的芳香环结构上的 3 个硝基使 TNT 难以被好氧微生物氧化,已经报道的矿化和部分降解途径都通过加氢还原作用。有氧及无氧条件下 TNT 多数被部分降解为更复杂的物质,有研究表明,TNT 可被矿化,但是速率很低。

三、金属及类金属的微生物转化

(一)铁的微生物转化

　　一些细菌能利用催化氧化亚铁化合物获得代谢所需的能量,如亚铁硫杆菌属(*Ferrobacillus*)、嘉利翁氏菌属(*Gallionella*)、泉发菌属(*Crenothrix*)及一些球衣菌属(*Sphaerotilus*)等,这些微生物催化氧分子将 $Fe(II)$ 氧化成 $Fe(III)$ 的反应为

$$4Fe(II) + 4H^+ + O_2 \longrightarrow 4Fe(III) + 2H_2O$$

　　这些细菌的碳源是 CO_2,由于不需要有机物作碳源,以及细菌能从无机物的氧化过程中获得能量,因此这些细菌可以在没有有机物的环境中旺盛繁殖。

　　有微生物参与的 $Fe(II)$ 的氧化反应并不是一种获得代谢能量的特别有效的方法:

$$FeCO_3 + \frac{1}{4}O_2 + \frac{3}{2}H_2O \longrightarrow Fe(OH)_3(s) + CO_2$$

这个反应的自由能变化大约为 70.13 kJ，产生 1 g 细胞碳必须氧化大约 220 g Fe（Ⅱ），生成 430 g 的固体 Fe(OH)$_3$，因此水合氧化铁（Ⅱ）大量沉积的地区往往是铁氧化细菌繁殖场所。酸性矿水是水环境中常遇到的污染问题，是由微生物氧化黄铁矿（FeS$_2$）所产生的 H$_2$SO$_4$ 引起的。氧化反应的整个过程都与微生物密切相关，涉及多个反应，首先，FeS$_2$ 氧化成 H$_2$SO$_4$：

$$2FeS_2 + 2H_2O + 7O_2 \longrightarrow 4H^+ + 4SO_4^{2-} + 2Fe^{2+} \tag{5-1}$$

然后，Fe^{2+} 氧化为 Fe^{3+}：

$$4Fe^{2+} + O_2 + 4H^+ \longrightarrow 4Fe^{3+} + 2H_2O$$

这是在低 pH 下缓慢产生酸性矿水的过程。当 pH 低于 3.5 时，氧化亚铁硫杆菌可以催化铁的氧化；pH 在 3.5~4.5 时，丝状铁细菌可催化铁的氧化。氧化硫硫杆菌和氧化亚铁铁杆菌可能也与酸性矿水的形成有关。

Fe（Ⅰ）可进一步溶解 FeS$_2$：

$$FeS_2(s) + 14Fe^{3+} + 8H_2O \longrightarrow 15Fe^{2+} + 2SO_4^{2-} + 16H^+$$

这个过程与式（5-1）构成一个溶解黄铁矿的循环过程。

河床受酸性矿水破坏，常常覆盖一层无定形半胶体的 Fe(OH)$_3$ 沉淀黄体。酸性矿水最有害的组分是 HSO$_4^-$，它具有直接毒性，且对与它接触的矿物质产生强烈腐蚀。CaCO$_3$ 被广泛用于酸性矿水处理。但由于 Fe（Ⅱ）的广泛存在，随着反应发生，pH 升高，Fe(OH)$_3$ 沉淀立即覆盖在 CaCO$_3$ 上成为不透水层，阻止了 CaCO$_3$ 对酸的进一步中和。

（二）汞

元素汞或无机汞盐会被细菌转化为甲基汞，微生物参与汞形态转化的主要方式是甲基化作用和还原作用。

在好氧或厌氧条件下，水体底质中某些微生物（如厌氧微生物甲烷菌、匙形梭菌；好氧微生物荧光假单胞菌、草分枝杆菌）能使二价无机汞盐转变为甲基汞和二甲基汞的过程，称汞的生物甲基化。这些微生物是利用机体内的甲基钴胺蛋氨酸转移酶来实现汞甲基化的。该酶的辅酶是甲基钴胺素（甲基维生素 B$_{12}$），属于含三价钴离子的一种咕啉衍生物，结构式如图 5-8 所示。其中钴离子位于由四个氢化吡咯相继连接成的咕啉环的中心。它有六个配位体，即咕啉环上的四个氮原子、咕啉 D 环支链上二甲基苯并咪唑（BZ）的一个氮原子和一负甲基离子（CH$_3^-$）。

汞的生物甲基化途径如图 5-9 所示，可由甲基钴胺素把负甲基离子传递给汞离子形成甲基汞（CH$_3$Hg$^+$），本身变为水合钴胺素。后者由于其中的钴被辅酶 FADH$_2$ 还原，并失去水而转变为五个氮配位的一价钴胺素。最后，辅酶甲基四叶氢酸将正甲基离子转于五配位钴胺素，并从其一价钴上取得两个电子,以负甲基离子与之络合,完成甲基钴胺素的再生,使汞的甲基化能够继续进行。同理,在上述过程中以甲基汞取代汞离子的位置,便可形成二甲基汞[(CH$_3$)$_2$Hg]。二甲基汞的生成速率比甲基汞约慢 6×10^3 倍。二甲基汞化合物挥发性很大,容易从水体逸至大气。

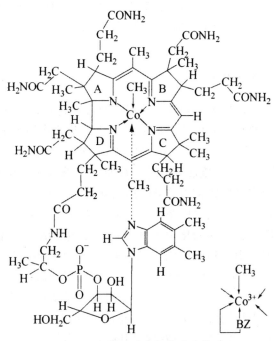

图 5-8　甲基钴胺素结构式和简式

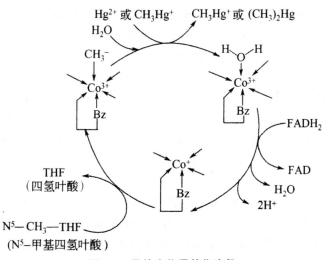

图 5-9　汞的生物甲基化途径

多种厌氧和好氧微生物都具有生成甲基汞的能力。前者如某些甲烷菌、匙形梭菌等,后者有荧光假单胞菌、草分枝杆菌等。

在水体底质中还可存在一类起还原作用的抗汞微生物,使甲基汞或无机汞化合物变成金属汞,又称为汞的生物去甲基化作用,常见的抗汞微生物是假单胞菌属。我国从第二松花江底泥中分离出三株可使甲基汞还原的假单胞菌,其清除氯化甲基汞的效率较高,对 $1 \text{ mg} \cdot \text{L}^{-1}$ 和 $5 \text{ mg} \cdot \text{L}^{-1}$ 的氯化甲基汞清除率接近 100%。

(三)砷的微生物转化

环境中的砷可以以无机砷和有机砷的形态存在,与汞不同的是,有机砷的毒性远小于无机砷。无机砷可以通过生物甲基化作用形成有机砷,有机砷主要包括一甲基砷酸(盐)(MMAA 或 MMA)和二甲基砷酸(盐)(DMAA 或 DMA),占土壤总砷的比率较低。土壤或水体中的无机砷还可以通过微生物作用直接转化为 AsH_3 挥发到大气中去。

根据微生物对砷的代谢机制不同将其分为砷氧化微生物、砷还原微生物和砷甲基化微生物。砷氧化微生物可以将环境中的 As(Ⅱ)氧化为毒性较弱并且容易被铁铝矿物吸附固定的 As(Ⅴ)。砷和汞一样能发生生物甲基化作用,已有研究分离出三种真菌——土生假丝酵母、粉红粘帚霉和青霉,能使单甲基砷酸盐和二甲基亚砷酸盐形成三甲基砷。现已证明,有各种各样的生物和微生物能将工业、农业排出的含砷污水和污染物中的砷转化为三甲基砷,并在许多生物体内发现甲基砷化合物。

在 As(Ⅴ)还原成 As(Ⅲ)的过程中 H₂ 与 OH⁻ 上的 O 结合,产生 H_2O,单独存在的 O 利用其携带的负电荷吸引 H⁺ 从而形成一个 OH,由于 H_2O 的失去使该结构拥有一对剩余电子,此时 As(Ⅴ)还原为 As(Ⅲ)。三甲基砷氧化物(TMAO)还原为三甲基砷(TMA)的过程则不同,在该过程中,TMAO 先与环境中的一个 H⁺ 结合形成 H—O—As＋(CH₃)₃,再与 H_3O^+ 结合,最终形成 TMA 和两个 H_2O 分子。在这些还原反应过程中,硫醇类物质等作为还原剂,为反应提供必需的电子,每个还原反应之后均伴随着甲基化过程,来自 S-腺苷甲硫氨酸(SAM)上的 CH₃—与 As(Ⅲ)化合物上的两个剩余电子反应最终完成甲基化过程,SAM 转化为 S-腺苷高半胱氨酸。

第一行表示 As(Ⅴ)向 As(Ⅲ)转化的还原过程,其中 $R_1 = R_2 = OH$ 时,该结构为砷酸,$R_1 = CH_3$,$R_2 = OH$ 时为一甲基砷酸,$R_1 = R_2 = CH_3$ 时为二甲基砷酸;第二行表示 As(Ⅲ)的甲基化过程,其中 CH₃—S⁺—(C)₂ 代表 S-腺背甲硫氨酸

第四节　污染物的生物毒性

一、概述

有毒物质种类很多,表5-2为美国有毒物质和疾病统计局所列的一些有毒物质。有毒物质包括有机化合物、无机化合物、有机金属化合物、各种形式的痕量金属、溶液、蒸气,以及来自植物或动物的化合物。

有毒物质能损害生物系统,干扰生物化学过程的功能,引起机体损伤。有毒物质与各种生物的相互作用结果和作用机理是复杂多样的,其毒性的大小主要取决于毒物的吸收、分布、排泄,以及毒物在体内的代谢和生物转化作用。

表 5-2　美国有毒物质和疾病统计局所列的一些有毒物质

白磷	1,2-二氯乙烷	2,4-二硝基(甲)苯
氟气	1,1-二氯乙烯	2,6-二硝基(甲)苯
铝	1,2-二氯乙烯	多环芳烃
砷	1,3-二氯丙烯	酚
钡	1,1,1-三氯乙烷	五氯酚
铍	1,1,2-三氯乙烷	二硝基甲酚
硼	1,1,2,2-四氯乙烷	二硝基苯酚
镉	三氯乙烯	3,3'-二氯联苯胺
硒	四氯乙烯	氯代二苯并呋喃
银	六氯丁二烯	1,2-二苯肼
铬	七氯、七氯环氧化物	三亚甲基三硝基胺[RDX]
镍	溴代甲烷	干洗溶剂汽油
钚	1,2-二溴乙烷	特屈儿[2,4,6-三硝基苯甲硝胺]
铊	1,2-二溴-3-氯代丙烷	曲轴箱废液
钍	氯蜱硫磷	香精油燃料
锡	苯	木杂酚油
铅	萘	煤焦油杂酚油
锰	甲苯	煤焦油
汞	二甲苯	汽油
铀	乙苯	燃料油

续表

钒	硝基苯	喷气式发动机燃料(Jp4 和 Jp7)
锌	2,4,6-三硝基(甲)苯	甲基叔丁基醚亚甲基双(2-氯苯胺)
钴	二(2-氯乙基)醚	[聚氨酯固化剂]
铜	邻苯二甲酸二乙酯	正-亚硝基二苯胺[防焦剂]
氰化物	乙烯基乙酸盐(或酯)	煤焦油沥青及其挥发物
氟化物	邻苯二甲酸二-2-乙基己酯	艾氏剂
氟化氢	邻苯二甲酸二正丁酯	狄氏剂
氨	异佛尔酮[3,5,5-三甲基-2-环己烯-1-酮]	异狄氏剂
石棉	正-亚硝基二正丙胺	α-,β-,γ-,δ-六六六
丙酮	氯仿	甲基对硫磷
丙烯醛	氯代甲烷	甲氧氯[甲氧滴滴涕]
丙烯腈	2-硝基苯酚	灭蚁灵、开蓬
乙二醇	4-硝基苯酚	二嗪农
丙二醇	2,4,6-三氯苯酚	毒杀芬
2-丁酮	甲苯酚	氯丹
2-己酮	联苯胺	敌死通[乙拌磷]
二硫化碳	氯苯	硫丹
四氯化碳	1,4-二氯苯	4.4'DDT,4,4'DDE,4,4'-DDD
氯乙烯	八氯苯	四氯化钛
1,3-丁二烯	多溴联苯	氡
二氯甲烷	多氯联苯	液压油
氯乙烷	1,3-二硝基苯	
1,1-二氯乙烷	1,3,5-三硝基苯	

二、污染物的联合作用

在实际生活环境中,往往有多种化学物质同时存在,它们对机体产生的生物学作用与任何单一化学物质分别作用于机体所产生的生物学作用完全不同。因此,把两种或两种以上的化学物质共同作用于机体所产生的综合生物学效应,称为联合作用,也称为交互作用。

(一)毒物联合作用的类型

根据生物学效应的差异,多种化学物质的联合作用通常分为以下四种类型。

1.协同作用（synergistic effect）

协同作用又称增效作用，是指两种或两种以上化学物质同时或数分钟内先后与机体接触，其对机体产生的生物学作用强度远远超过它们分别单独与机体接触时所产生的生物学作用的总和。例如，马拉硫磷与苯硫磷的联合作用下，对大鼠和狗的毒性分别增强 10 倍和 50 倍，其可能是苯硫磷抑制肝脏分解马拉硫磷的酯酶所致。

2.相加作用（additive effect）

相加作用是指多种化学物质混合所产生的生物学作用强度等于各化学物质分别产生的作用强度的总和。在这种类型中，各化学物质之间均可按比例取代另一种化学物质。因此，当化学物质结构相似，性质相似，靶器官相同或毒性作用机理相同时，其生物学效应往往呈相加作用。例如，一定剂量的化学物质 A 与 B 同时作用于机体，若 A 引起 10％动物死亡，B 引起40％动物死亡，那么根据相加作用，将引起 50％动物死亡。

3.独立作用（independent effect）

独立作用是指多种化学物质对机体产生毒性作用机理各不相同，互不影响。由于化学物质对机体的侵入途径、方式、作用的部位各不相同，所产生的生物学效应也是彼此无关，各化学物质自然不能按比例互相取代，所以独立作用产生的总效应低于相加作用，但不低于其中活性最强者。例如，按上述相加作用的例子，化学物质 A 和 B 分别引起 10％和 40％动物死亡，那么 100 只活的动物，经 A 作用后，尚存活 90 只，经 B 作用后，死亡动物应为$90 \times 40％$，即 36 只，故此时存活的动物数应为 54 只。

4.拮抗作用（antagonistic effect）

拮抗作用是指两种或两种以上化学物质同时或数分钟内先后输入机体，其中一种化学物质可干扰另一化学物质原有的生物学作用并使其减弱，或两种化学物质相互干扰，使混合物的生物学作用或毒性作用的强度低于两种化学物质中任何一种单独进入机体的强度。

例如，阿托品与有机磷化物之间的拮抗效应是生理性拮抗；而肟类化合物与有机磷化合物之间的竞争性与乙酰胆碱酯酶结合，则是生化性质的拮抗。

（二）联合作用类型的判断

1.实验计算法

若以死亡率为指标，两种毒物毒性作用的死亡率分别为 M_1 和 M_2，则相加作用的死亡率为 $M = M_1 + M_2$；拮抗作用的死亡率 $M < (M_1 + M_2)$；协同作用的死亡率为 $M > (M_1 + M_2)$；独立作用的死亡率为 $M = M_1 + M_2(1 - M_1)$ 或 $M = 1 - (1 - M_1)(1 - M_2)$。

也可通过单项毒物及混合物进行 LD_{50} 的测定，先求出化合物各自的 LD_{50} 值，从各化合物的联合作用是相加作用的假设出发，计算出混合物的预期 LD_{50} 值，再通过实验得出实测混合物 LD_{50} 值，假设 R ＝预期 LD_{50} 值/实测 LD_{50} 值，那么当 $R < 0.4$ 时为拮抗作用；$R > 2.5$ 时为协同作用；$0.4 < R < 2.5$ 时为相加作用。

2.等效应线图法

本方法可以判断两种化合物的联合作用类型。两种化合物的性质不同，可被分为两种情况：化合物 A 单独作用时有毒性效应，化合物 B 单独作用时无毒性效应，但两种同时作用时有联合作用；两种化合物（A 和 B）单独作用时都有毒性效应，两种同时作用时有联合作用。图中曲线上的任何一点的毒效应是相同的。

具体步骤如下：

（1）确定一种实验生物的一种毒性效应指标（以 LD_{50} 为例，其他毒性指标，如生化和生理指标，其步骤相同）。

（2）在实验条件和暴露方式相同情况下分别测定两种化合物的 LD_{50} 值。

（3）在相同条件下取两种化合物的不同毒性剂量配成不同比例的混合物，测定其混合物的致死毒性，计算出 LD_{50} 值。

（4）将得到的一个或几个 LD_{50} 值相对应的剂量在图上标出，以坐标点所落入的位置判断其联合作用类型。

第六章　典型污染物的特性及其
在环境中的迁移转化

污染物进入环境后将继续处于动态的迁移和转化过程中,各种具体因素之间发生一系列物理、化学和生物化学反应。不同的污染物,其迁移和转化的特点是不相同的,污染物迁移转化的方向、速度和强度决定于污染物质本身的特性和环境因素的物质组成与特性。

第一节　重金属类污染物及其迁移转化

在环境污染方面所说的重金属,主要是指对生物有显著毒性和潜在危害的重金属及类金属元素,如汞、镉、铅、铬和砷等。具有一定毒性,且在环境中广为分布的锌、铜、钴、镍、锡和钡等金属及其化合物也应包括在内。

重金属是具有潜在威胁和危害的重要污染物。重金属污染的特点是不能被或难以被微生物分解。相反,重金属易被生物体吸收并通过食物链累积。因此,生物体可以富集重金属,并且某些重金属还可转化为毒性更强的金属-有机化合物。

重金属污染物在环境中的迁移转化过程相当复杂,可能进行的反应主要有溶解和沉淀、氧化与还原、配合与螯合及吸附和解吸等。这些反应往往与水的酸碱性(pH)和氧化-还原条件(E)等环境条件密切关系。

一、汞

(一)环境中汞的来源及分布

汞在自然界的浓度不大,但分布很广。地球岩石圈内汞的丰度(浓度)为 $0.03\ \mu g \cdot g^{-1}$。汞在自然环境中的本底值不高,在耕作土中约为 $0.03\sim0.07\ \mu g \cdot g^{-1}$,在森林土壤中约为 $0.02\sim0.10\ \mu g \cdot g^{-1}$,水体中汞的浓度更低。例如,天然水中汞的浓度范围为 $0.03\sim2.8\ \mu g \cdot L^{-1}$,河水中汞的浓度约为 $1.0\ \mu g \cdot L^{-1}$,海水中约为 $0.3\ \mu g \cdot L^{-1}$,雨水中约为 $0.2\ \mu g \cdot L^{-1}$,大

气中汞的本底浓度为 $0.05\sim0.5$ $\mu g \cdot m^{-3}$，所以汞在环境各圈层中的储量及其在环境各圈层中的迁移能力都较小。

汞的人为来源也很多。汞化合物的人为源涉及含汞矿物的开采、冶炼及各种汞化合物的生产和应用领域，例如冶金、化工、化学制药、仪表制造、电气、木材加工、造纸、油漆、颜料、纺织、鞣革和炸药等工业的含汞废水及废物都可能成为环境中汞污染的来源。据统计，目前全世界每年开采应用的汞量约在 1×10^4 t 以上，其中绝大部分最终都以"三废"的形式进入环境。据计算，在氯碱工业中每生产 1 t 氯，要流失 $100\sim200$ g 汞，所以氯碱工业排出的废水中，含有较高浓度的汞。生产 1 t 乙醛，需要 $100\sim300$ g 汞，等等。

空气中含的汞大部分吸附在颗粒物上，气相汞最终也是进入土壤和海底沉积物。在天然水中，汞主要与水中存在的悬浮微粒相结合，并最终沉降进入水底沉积物。

（二）汞及其化合物的性质

汞有 0、$+1$、$+2$ 三种价态，其化合物主要有一价和二价无机汞化合物（如 Hg_2Cl_2、HgS）以及二价有机汞化合物（如 CH_3Hg^+、$C_6H_5Hg^+$ 等）。与同族元素相比，汞具有以下的特异性质。

①汞的氧化还原电位较高（$E_h=0.8\sim0.851$ V）。

②易呈现金属状态。

③汞及其化合物特别易挥发。汞化合物的挥发性表 6-1。

表 6-1　汞化合物的挥发性

化合物	条件	大气中汞浓度/($\mu g \cdot m^{-3}$)
硫化物	干空气中，RH≤1%	0.1
	湿空气中，RH≤接近饱和	5.0
氧化物	干空气中，RH≤1%	2.0
碘化物	干空气中，RH≤1%	150
氟化物	干空气中，RH≤1%	8
	RH=70%的空气中	20
氧化甲基汞（液体）	0.06%的 0.1 mol·L^{-1}磷酸盐缓冲液，pH=5	900

续表

化合物	条件	大气中汞浓度/($\mu g \cdot m^{-3}$)
双氰胺甲基汞(液体)	0.04%的$0.1\ mol \cdot L^{-1}$磷酸盐缓冲液,pH=5	140
醋酸苯基汞(固体)	干空气中,RH<10%	22
	RH=30%的空气中	140
硝酸苯基汞(固体)	干空气中,RH≤1%	4
	RH=30%的空气中	27
半胱氨酸汞配合物(固体)	干空气中,RH≤1%	2
	湿空气中,RH饱和	13

④单质汞是金属元素中唯一在常温下呈液态的金属。

⑤汞化合物具有较强的共价性,且由于上述较强的挥发性和活动性等因素,使其在自然环境或生物体内具有较大的迁移和分配能力。

⑥汞化合物的溶解度差别较大。在25 ℃下,元素汞在纯水中的溶解度为 60 $\mu g \cdot L^{-1}$,在缺氧水体中约为 25 $\mu g \cdot L^{-1}$。

⑦汞易与配位体形成配合物。Hg^{2+}易在水体中形成配合物,配位数一般为 2 和 4,Hg^{2+}形成配合物的倾向比 Hg^{2+} 小得多。在一般天然水中,Hg^{2+} 可与 Cl^- 形成相当稳定的配合物(图 6-1)。汞还能与各种有机配位体形成稳定的配合物。例如与含硫配位体的半胱氨酸形成稳定性极强的有机汞配合物,与其他氨基酸及含—OH 或—COOH 基的配位体形成相当稳定的配合物。此外,汞还能与微生物的生长介质强烈结合,这表明 Hg^{2+} 能进入细菌细胞并生成各种有机配合物。

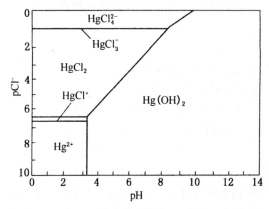

图 6-1　pH 和 Cl^- 浓度对水体中 Hg 存在形态的影响

(三)汞的迁移转化与循环

1.汞的吸附作用

水体中的各种胶体对汞都有强烈的吸附作用。一般,胶体对甲基汞的吸附作用与对氯化汞的吸附作用大致相同。天然水体中的各种胶体相互结合成絮状物,或悬浮于水体或沉积于底泥,沉积物对汞的束缚力与环境条件和沉积物的成分有一定关系。例如,含硫沉淀物在厌氧条件下对汞的亲和力较大,而在好氧条件下对汞的亲和力则比黏土矿物低。当水体中有氯离子存在时,无机胶体对汞的吸附作用显著减弱,但对腐殖酸来说,它对汞的吸附量不随 Cl^- 浓度的改变而改变。汞的吸附作用和汞化合物的溶解度一般较小(除汞的高氯酸盐、硝酸盐、硫酸盐外),所以从各污染源排放出的汞,主要沉积在排污口附近的底泥中。

2.汞的配合反应

有机汞离子和 Hg^{2+} 可与多种配位体发生配合反应:

$$Hg^{2+} + nX^- \Longrightarrow HgnX_n^{2-n}$$
$$RHg^{2+} + X^- \Longrightarrow RHgX$$

式中,X^- 为任何可提供电子对的配位基,如 Cl^-、Br^-、OH^-、NH_3、CN^- 或 S^{2-} 等;R 为有机基团,如甲基、苯基等。S^{2-}、HS^-、CN^- 及含有 HS^- 基的有机化合物,对汞离子的亲和力很强,形成的化合物很稳定。

3.汞的甲基化

汞在水体、沉积物、土壤及生物体中,于特定的条件下可发生汞的甲基化。汞的甲基化反应使汞在环境中的迁移转化变得复杂。

4.甲基汞脱甲基化与汞离子还原

湖底沉积物中的甲基汞可被某些细菌(如假单胞菌属等)降解而转化为甲烷和汞,它们还可将 Hg^{2+} 还原为金属汞:

$$CH_3Hg^+ + 2H \longrightarrow Hg + CH_4 + H^+$$
$$HgCl_2 + 2H \longrightarrow Hg + 2HCl$$

5.脱汞反应

在有机汞化合物中脱除汞的反应称脱汞反应,上述脱甲基化反应即是脱汞的途径之一。此外,还可通过酸解、微生物分解等反应脱除有机汞中的汞元素。

例如,有机汞和有机汞盐中碳汞键被一元酸解离的反应如下:

$$R_2Hg + 2HX \Longrightarrow 2RH + HgX_2$$

式中,X 为 Cl^-、Br^-、I^-、ClO_4^- 或 NO_3^-;R 为有机基团,如甲基、苯基等。研究表明在天然水环境的正常条件下,酸解反应速度的是很缓慢的。

6.有机汞的蒸发

许多有机汞化合物具有较高的蒸气压,容易从水相或土壤中蒸发到气相中去。例如,二甲基汞是易挥发的液体(沸点 $93\sim96$ ℃),25 ℃时在空气和水之间的分配系数为 0.31,0 ℃时为 0.15。当水体在一定的湍流情况下,由实验得到的数据可估算二甲基汞的燕发半衰期大约为 12 h。因此有机汞的蒸发是影响水环境中汞归宿的重要因素之一。

7.汞的全球循环

汞在自然环境中的迁移与转化是非常复杂的,通过多年的研究,目前对汞的全球循环有了一定了解。如图 6-2 所示,给出了全球汞的收支。汞的生物地球化学循环涉及多种物理、化学和生物过程。

二、铅

(一)环境中铅的主要来源

金属铅及其化合物很早就被人类广泛应用于社会生活的许多方面。铅的污染来自采矿、冶炼、铅的加工和应用过程。由于石油工业的发展,作为汽油防爆制使用的四乙基铅已占铅生产总量的 10% 以上。汽车排放废气中的铅含量高达 $20\sim50$ $\mu g \cdot L^{-1}$,其污染已造成严重公害。空气中的铅浓度较 300 年前已上升了 $100\sim200$ 倍。根据对大西洋中海水的分析,其表层海水含铅量达 $0.2\sim0.4$ $\mu g \cdot L^{-1}$,在 $300\sim800$ m 深处,铅的浓度急剧降低,至 3 000 m 深处,含铅量仅为 0.002 $\mu g \cdot L^{-1}$。这说明海水表层的铅主要来自空气污染。

(二)环境中铅的迁移转化

铅的活泼顺序位于氢之上,能缓慢溶解在非氧化稀酸中,也易于溶于稀 HNO_3 中。铅在天然水中主要以 Pb^{2+} 状态存在,其含量和形态明显地受 CO_3^{2-},SO_4^{2-},OH^- 和 Cl^- 的影响。在天然水中铅化合物主要存在着如下的

溶解平衡和络合平衡

溶解平衡

$PbCO_3(固) = Pb^{2+} + CO_3^{2-}$

$Pb(OH)_2(固) = Pb^{2+} + 2OH^-$

$PbSO_4(固) = Pb^{2+} + SO_4^{2-}$

$PbCl_2(固) = Pb^{2+} + 2Cl^-$

$Pb_3(OH)_2(CO_3)_2(固) = 3Pb^{2+} + 2OH^- + 2CO_3^{2-}$

络合平衡

$Pb^{2+} + OH^- = PbOH^*$

$Pb^{2+} + 2OH^- = Pb(OH)_2$

$Pb^{2+} + 3OH^- = Pb(OH)_3^-$

$Pb^{2+} + Cl^- = PbCl^+$

$Pb^{2+} + 2Cl^- = PbCl_2$

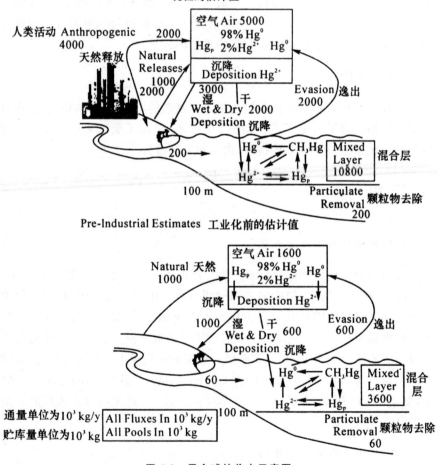

图 6-2　汞全球的收支示意图

在中性或偏碱性的水中,铅的浓度受氢氧化铅所限制,其含量取决于氢氧化铅的溶度积,而在偏酸性的水中,铅的浓度受硫酸铅所限制,其中的含铅量远远高于碱性水中的含铅量。事实上，铅在水体流动迁移的过程中很容易净化，这是因为悬浮物颗粒和底部沉积物对铅有强烈的吸附作用。试验表明，悬浮物和沉积物中的有机整合配位体、铁和锰的氢氧化物吸附铅的性能最强，并且 Pb^{2+} 能与天然水中存在的 S^{2-}、PO_4^{3-}、I^-、CrO_4^{2-} 等离子生成不溶性化合物而沉积，致使铅的移动性小。

此外，有人认为铅在环境中能发生自然生化甲基化。Wong 等人用湖底沉积物为基质，加入一定量的三甲基醋酸铅，在缺氧的条件下进行恒温培养后，测得四甲基铅的存在，当用硝酸铅代替三甲基醋酸铅时，有时也可以得到四甲基铅。$(CH_3)_2PbX_2$ 能在环境条件下发生不可逆的歧化反应，即

$$2(CH_3)_2PbX_2 \longrightarrow (CH_3)_2PbX + PbX_2 + CH_3X$$

X 的种类和反应物依度不影响反应的化学计量性。反应是一级的，随反应浓度的增大，反应速率加快，X 的种类对反应速率的影响按照下列次序递增

$$Ac^- < ClO_4^- < NO_3^- < Cl^- < NO_2^- < Br^- < SCN^- < I^-$$

$(CH_3)_3PbX$ 也能发生歧化反应，即

$$3(CH_3)_3PbX \longrightarrow (CH_3)_4Pb + PbX_2 + CH_3X$$

歧化反应进行很慢，X 的种类对反应速率的影响也比较小。

铅盐中大部分难溶于水，易溶于水的盐类有硝酸铅、醋酸铅等。氢氧化铅系两性物质，可像酸或碱一样能在溶液中电离，即

$$Pb^{2+} + 2OH^- \Longrightarrow Pb(OH)_2 \Longrightarrow H^+ + HPbO_2^-$$

因为它具有两性，故可与酸和碱相互作用，即

$$Pb(OH)_2 + 2HCl \Longrightarrow PbCl_2 + 2H_2O$$

$$Pb(OH)_2 + NaOH \Longrightarrow NaHPbO_2 + H_2O$$

铅在天然水体中主要以碳酸盐的形式存在，pH 在 $6\sim8.5$ 之间时，$PbCO_3$ 是稳定的，不易溶解，pH 若是大于 8，则以碱式碳酸铅的形式存在，即 $Pb_3(OH)_2(CO_3)_2$，若 pH 小于 5 时，则以 $PbSO_4$ 形式存在。若是还原性条件则以 PbS 的形式存在。水体中铅一般是以二价的形式存在，因此，铅在天然水中的溶解度很小。但近年来，随着汽车排气的不断增加，$Pb_xCl_yBr_z$ 含量也不断增加，由于这种物质的溶解度较大，它不仅关系到空气中含铅化合物的湿沉降，而且影响含铅化合物的溶解迁移等过程。如在 20 ℃，$PbCl_2$、$PbBr_2$ 和 PbBrCl 在水中的溶解度分别为 $9.9\ g\cdot L^{-1}$、$8.5\ g\cdot L^{-1}$ 和 $6.4\ g\cdot L^{-1}$。

铅很容易被有机胶体或无机胶体吸附而迁移，如在重金属中，它被蒙脱石等无机胶体吸附的顺序占第一位，由此可见，铅在环境中迁移时容易进入河流的底泥沉积物中。

在清洁的城市,大气中铅含量约为 $0.01~\mu g \cdot m^{-3}$,在工业发达和汽车多的城市,大气中铅含量要高得多。大气中的铅一部分经雨水淋洗进入土壤,一部分落在叶面上,可通过张开的气孔进入叶内。铅在大气中的分布与铅微粒的大小密切相关,由于铅的密度较大,粒径大于 $2~\mu m$ 的铅粒很容易下沉,故在大气中所占比例很小。另外,由于铅及其化合物挥发性较大,铅蒸气可以通过气溶胶而污染环境。

土壤的 pH 阳离子交换量、有机质和有效磷含量与铅在土壤中的迁移能力有关。土壤对铅的固定作用与土壤阳离子交换量呈正相关关系,而与土壤 pH 呈反相关。而有机质是离子态铅的主要固定剂。由于氢离子与其阳离子竞争有效吸附位置的能力很强,而且大多数铅盐的溶解性随着 pH 降低而增加,因此,在酸性土壤中,铅被吸附和沉淀的可能性都比碱性土壤小,因而,较易为植物吸收。进入土壤中的 Pb^{2+} 容易被有机质和黏土矿物所吸附。就土壤而言,对铅的吸附量有下列顺序:黑土>褐土>红壤;对于黏土矿物和腐殖质而言,黏土矿物的吸附顺序是蒙脱石>伊利石>高岭土,腐殖质的吸收量则明显高于黏土物质。其结果证实,各类土壤对铅的吸附强度与黏土矿物组成及有机物含量呈正相关。

在铅的生物地球化学循环过程中,铅经过沉淀溶解反应、络(螯)合反应等化学过程和生物作用下的有机化作用等生物反应过程,发生铅的价态变化和含铅化合物的转化。铅在岩石圈、水圈、大气圈、生物圈和土壤圈之间进行地球化学循环,如图 6-3 所示,是铅的地球化学循环示意图。

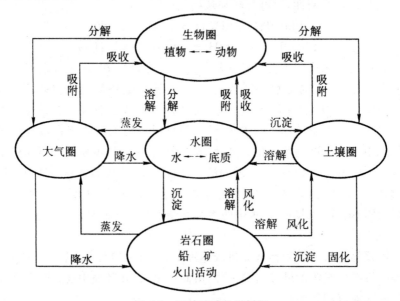

图 6-3　铅的地球化学循环

（三）铅污染的处理方法

由于铅主要污染水源,因此,如何去除水中铅污染成为人们关注的问题,目前来说,有效的处理方法有沉淀法、混凝法、离子交换法等。

沉淀法:沉淀剂有碱、Na_2CO_3、白云石($CaCO_3 \cdot MgCO_3$)等。沉淀与过滤的组合工艺会使除铅效果更好。如将含铅废水流经事先焙烧处理过的白云石充填床层,就可同时产生沉淀和过滤作用。

混凝法:处理四烷基铅生产废水时,常用沉淀剂先除去无机铅,再用铁盐作混凝剂将其中的有机铅除去。

离子交换法:如对弹药厂废水先用沉淀法将含铅量降至 $0.1\ mg \cdot L^{-1}$ 后,采用磷酸型树脂进行处理可使含铅量降到 $0.01\ mg \cdot L^{-1}$。

三、砷

（一）砷在环境中的来源与分布

砷是一种广泛存在并具有金属特性的类金属(或称准金属)元素。砷的常见化合价有 -3、$+3$ 和 $+5$,元素砷在天然环境中很少存在,其还原态以 $AsH_2(g)$ 为代表,氧化态以亚砷酸盐和砷酸盐为代表。天然水中的砷主要以 $+3$ 价和 $+5$ 价的形态存在。在自然界中,砷以多种无机砷形态分布于许多矿物中,主要含砷矿物有砷黄铁矿($FeAsS$)、雄黄矿(As_4S_4)和雌黄矿(As_2S_3)。地壳中砷的丰度为 $1.5 \sim 2\ mg \cdot kg^{-1}$,比其他元素高 20 倍。土壤中砷的本底值为 $0.2 \sim 40\ mg \cdot kg^{-1}$。因此,环境中砷的最大天然来源是地壳风化,其中大部分经河流汇集到海洋。此外火山活动也能释放出大量的砷,以致造成局部地区砷含量提高,某些煤中也含有较高浓度的砷。

空气中砷的天然本底值为 $n \times 10^{-3}\ \mu g \cdot m^{-3}$,其甲基砷含量约占总砷量的 20%。

地面水中的砷含量很低,一般小于 $0.005\ mg \cdot L^{-1}$,海水中的砷浓度范围为 $0.01 \sim 0.008\ ng \cdot L^{-1}$,其中主要为砷酸根,但亚砷酸根的量仍占总砷量的 $1/3$。

某些地下水水源的含砷量极高,可达 $224 \sim 280\ mg \cdot L^{-1}$,且 50% 为三价砷。地热异常区水、源及温泉含砷量也较高,且 90% 以上为三价砷。自然生长的植物,其含砷量为 $0.01 \sim 5\ mg \cdot kg^{-1}$ 干重。海藻与海草的砷含量相当高,可达 $10 \sim 100\ mg \cdot kg^{-1}$ 干重,其浓缩倍数为 1 500 $\sim$ 5 000 倍。

砷对环境的污染主要来自人类的工农业生产活动。工业上排放砷的部门主要有化工、冶金、炼焦、火力发电、造纸、皮革、玻璃及电子工业等,其中以冶金、化工及半导体工业的排砷量较高(如砷化镓、砷化铟),所以工厂和矿山含砷污水、废渣的排放及燃料燃烧等是造成砷污染的重要来源之一。

农业方面,曾经广泛利用含砷农药作为杀虫剂和土壤消毒剂,其中用量较多的是砷酸钙、砷酸铅、亚砷酸钙、亚砷酸钠及乙酰亚砷酸铜等。还有一些有机砷被用来防治植物病虫害,大量甲胂酸和二甲亚胂酸用作具有选择性的除莠剂或在林业上用作杀虫剂。

土壤易受砷污染,受砷污染的土壤含砷量可高达 550 mg·kg^{-1},在砷污染的土壤中生长的植物可含相当高含量的砷,尤其是其根部。

(二)砷在环境中的迁移与转化

1.砷的酸碱平衡与氧化-还原平衡

砷在环境中多以氧化物及其含氧酸形式存在,如 As_2O_3、As_2O_5、H_3AsO_3、$HAsO_2$ 及 H_3AsO_4 等。

As_2O_3 在水中溶解可形成亚砷酸。

$$As_2O_3(s) + H_2O =\!=\!= 2HAsO_2 \quad lgk = -1.36$$

亚砷酸是两性化合物

$$HAsO_2 =\!=\!= AsO_2^- + H^+ \quad lgk = -9.21$$

$$HAsO_2 =\!=\!= AsO^+ + OH^-$$

或

$$AsO^+ + H_2O =\!=\!= HAsO_2 + H^+ \quad lgk = -0.34$$

由平衡常数与 pH 的对应关系可看出,当 pH<0.34 时,AsO^+ 占优势;当 pH=0.34~9.21 时,$HAsO_2$ 占优势,当 pH>9.21 时,AsO_2^- 占优势。

As_2O_5 溶于水,形成的砷酸是三元酸,在水中可形成三种阴离子。

$$H_3AsO_4 =\!=\!= H_2AsO_4^- + H^+ \quad lgk = -3.60$$

$$H_2AsO_4^- =\!=\!= HAsO_4^{2-} + H^+ \quad lgk = -7.26$$

$$HAsO_4^{2-} =\!=\!= AsO_4^{3-} + H^+ \quad lgk = -12.47$$

哪种形态占优势决定于水体的 pH。当 pH<3.6 时,主要以 H_3AsO_4 占优势;当 pH 为 3.6~7.26 时,以 $H_2AsO_4^-$ 占优势;当 pH=7.26~12.47 时,以 $HAsO_4^{2-}$ 占优势;当 pH>12.47 时,以 AsO_4^{3-} 占优势。

由以上两种砷酸的酸碱平衡可以看出,在水体的 pH 范围内砷的含氧酸主要以 $HAsO_2$、$H_2AsO_4^-$ 及 $HAsO_4^{2-}$ 三种形态存在。对大部分天然水来说,砷最重要的存在形式是亚砷酸(H_3AsO_3)。对具有弱酸性、中性和弱碱性的环境中的水来说,以砷酸的离子形式($H_2AsO_4^-$、$HAsO_4^{2-}$)为主,在强酸性条件下(pH<0.34)可能出现 AsO^+,而在强碱性环境中(pH>12.5)则呈 AsO_4^{3-} 形式。在正常环境中,很少有后两种天然水,但局部严重污染的地段可能有这种情况。

由于砷有多种价态,因此水体的氧化-还原条件(E_h)将影响砷在水中的存在形态。

在氧化性水体中,H_3AsO_4 是优势形态。在中等还原条件或低 E_h 的条件下,亚砷酸变得稳定。E_h 较低的情况下,元素砷变得稳定,但在极低的 E_h 时,可以形成 AsH_3,它在水中的溶解度极低,当 AsH_3 的分压为 101.3 kPa 时,其溶解度约为 $10^{-5.3}$ mol·L^{-1}。

砷在水体中的存在形态与 pH 及 E_h 的关系见图 6-4。

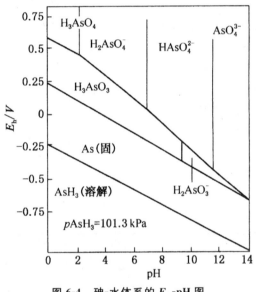

图 6-4　砷-水体系的 E_h-pH 图

2.砷的甲基化反应

砷与汞一样可以甲基化,砷的化合物可在微生物的作用下被还原,然后与甲基(—CH₃)作用生成有机砷化合物。在甲基化过程中,甲基钴胺素 CH_3CoB_{12} 起甲基供应体的作用。在厌氧菌作用下主要产生二甲基胂,而好氧的甲基化反应则产生三甲基胂。

二甲基胂和三甲基胂易挥发、毒性很大。但二甲基胂在有氧气存在时不稳定,易被氧化成毒性较低的二甲基胂酸。

砷的生物甲基化反应和生物还原反应是它在环境中转化的一个重要过程。因为它们能产生一些可在空气和水中运动并相当稳定的有机金属化合

物。但生物甲基化所产生的砷化合物易被氧化和细菌脱甲基化,结果又使它们回到无机砷化合物的形式。砷在环境中的转化模式如下:

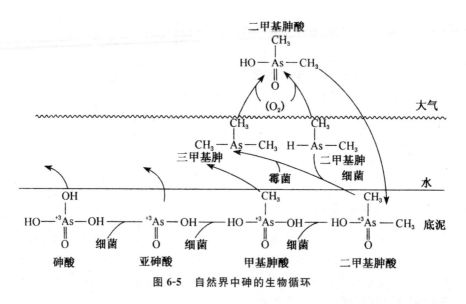

环境中砷的生物循环见图 6-5。

图 6-5　自然界中砷的生物循环

在水溶液中二甲基胂和三甲基胂可以氧化为相应的甲基胂酸。这些化合物与其他较大分子的有机砷化合物,如含砷甜菜碱和含砷胆碱等,都极不容易化学降解。

3.砷的沉淀与吸附

砷的氧化物溶解度较高,但有人发现水体中砷的含量不大,水体中的砷大都集中在底泥中。产生这一现象的原因是砷的沉淀与吸附沉降。

在 E_h 较高的水体中,砷以各种形态的砷酸根离子存在,它们与水体中的其他阳离子(如 Fe^{3+}、Fe^{2+}、Ca^{2+} 等)可形成难溶的砷酸盐,如 $FeAsO_4$ 等。甲基胂酸盐和二甲基胂酸盐离子与 Me^{2+}、Me^{3+} 也可形成难溶盐而沉淀于底泥中。在 E_h 较低时,无硫的水体中可能出现砷的固相,有硫的体系中可能出现砷的硫化物固相。

第二节　有机污染物

据统计,2019 年美国化学文摘登记的化学物质已近几千万种,并且还以每周 60 000 种的速度增加,其中 90% 以上是有机化合物。目前,世界年产各类有机物质量已近 $5×10^8$ t。如此大量的有机化学品最终都将以各种形式进入环境,直接或间接地危及人体健康。其中以对人体健康影响最大、最难降解的有致癌、致畸、致突变作用的有机物的环境行为备受人们关注。

一、有机卤代物

(一)卤代烃

1.卤代烃的来源与分布

大气中卤代烃的含量不断增加,被卤素完全取代的卤代烃寿命极长,如 CCl_2F_2-$CClF_2$、$CClF_2$-CF_3、$CClF_3$、CF_4、CF_3CF_3 在大气中的寿命分别为 126 a、230 a、180 a、10 000 a、500 a 以上,它们在对流层不能被分解,当它们进入平流层后将对平流层的臭氧层产生破坏作用。几种主要卤代烃的来源简述如下:

(1)三卤代甲烷类。三卤代甲烷类(THMs)污染物的化学通式为 CHX_3,其中 X 代表 F、Cl 或 Br 原子。下列四种化合物较重要,即

氯仿(三氯甲烷)	$CHCl_3$
一溴二氯甲烷	$CHCl_2Br$
二溴一氯甲烷	$CHClBr_2$

溴仿(三溴甲烷)　　　　$CHBr_3$

因 THMs 有可能引起致癌性的饮用水污染问题而受到关注。一般在自来水、工业用水和废水生活污水等的处理过程中,广泛使用氯气或次氯酸盐作为水处理药剂,用以除去自来水中铁、锰和待排放废水中的硫化氢、氰化物及杀灭水中细菌、藻类、病毒等有害微生物。这类药剂还用于众多有机合成工业和纸张之类工业产品的漂白。水中 THMs 的生成是氯气之类水处理药剂与水中所含有机物(前驱物)及溴化物反应的结果。凡具有羟基、氨基的芳香族化合物及具有羰基的非环化合物均有可能成为 THMs 生成的前驱。水体中天然存在的腐殖质、藻类、叶绿素等也是潜在的前驱物。水中所含 THMs 中通常以氯仿所占比例最大。

(2)甲基氯仿(CH_3CCl_3)。作为工业去油剂和干洗剂,现在每年的排放速率是 CFC-11 和 CFC-12 的 2 倍多,平均每年增长 16%。

(3)氯甲烷(CH_3Cl)。天然源主要来自海洋,人为源主要来自城市汽车尾气排放的废气以及废聚氯乙烯塑料、农业废弃物的燃烧。

(4)氟利昂-11(CCl_3F)和氟利昂-12(CCl_2F_2)。CCl_3F 和 CCl_2F_2 被广送用做制冷剂、飞机推动剂塑料发泡剂等,年排放量分别为 2.7×10^5 t 和 2.7×10^5 t。它是引起臭氧层破坏的主要污染物之一。

(5)四氯化碳(CCl_4)。四氯化碳被广泛用于工业溶剂、灭火剂、干洗剂,也是氟利昂的主要原料。

2.卤代烃在大气中的转化

下面分别介绍卤代烃在对流层及平流层中的转化。

(1)对流层中的转化。

含氢卤代烃与 HO· 自由基的反应是它们在对流层中被消除的主要途径。卤代烃消除途径的起始反应是脱氢。如氯仿与 HO· 的反应为

$$CHCl_3 + HO \cdot \longrightarrow H_2O + CCl_3 \cdot$$

$CCl_3 \cdot$ 自由基再与氧气反应生成碳酰氯(光气)和 ClO·

$$ClO \cdot + O_2 \longrightarrow COCl_2 + ClO \cdot$$

光气在被雨水冲刷或清除之前,将一直完整地保留着。如果清除速度很慢,则大部分的光气将向上扩散,在平流层下部发生光解;如果冲刷清除速度很快,则光气对平流层的影响就小。ClO· 可氧化其他分子并产生氯原子。

$$ClO \cdot + NO \longrightarrow Cl \cdot + NO_2$$
$$3ClO \cdot + H_2O \longrightarrow 3Cl \cdot + 2HO \cdot + O_2$$

多数氯原子迅速和甲烷作用

$$Cl \cdot + CH_4 \longrightarrow HCl + CH_3 \cdot$$

氯代乙烯与 $HO \cdot$ 反应将打开双键,让氧加成进去。如四氯乙烯可转化成三氯乙酰氯。

$$C_2Cl_4 + [O] \longrightarrow CCl_3COCl$$

(2)平流层中的转化。

进入平流层的卤代烃污染物,都将受到高能光子的攻击而遭破坏。例如,四氯化碳分子吸收光子后脱去一个氯原子。

$$CCl_4 + h\nu \longrightarrow CCl_3 + Cl \cdot$$

$CCl_3 \cdot$ 基团与对流层中氯仿的情况相同,被氧化成光气。但随后产生的 $Cl \cdot$ 却不直接生成 HCl,而是参与破坏臭氧的链式反应。

$$Cl \cdot + O_3 \longrightarrow ClO \cdot + O_2$$

O_3 吸收高能光子发生光分解反应,生成 O_2 和 $O \cdot$,$O \cdot$ 再与 $ClO \cdot$ 反应,将其又转化为 $Cl \cdot$。

$$O_3 + h\nu \longrightarrow O_2 + O \cdot$$
$$O \cdot + ClO \cdot \longrightarrow Cl \cdot + O_2$$

在上述链式反应中除去了两个臭氧分子后,又再次提供了除去另外两个臭氧分子的氯原子。这种循环将继续下去,直到氯原子与甲烷或某些其他的含氢类化合物反应,全部变成氯化氢为止。

$$Cl \cdot + CH_4 \longrightarrow HCl + CH_3 \cdot$$

HCl 可与 $HO \cdot$ 自由基反应重新生成 $Cl \cdot$。

$$HO \cdot + HCl \longrightarrow H_2O + Cl \cdot$$

这个氯原子是游离的,可以再次参与使臭氧破坏的链式反应。在氯原子扩散出平流层之前,它在链式反应中进出的活动将发生 10 次以上。一个氯原子进入链式反应能破坏数以千计的臭氧分子,直至氯化氢到达对流层,并在降雨时被清除。

3.卤代烃污染的防治

尽量使用无氟致冷剂,或收集废旧冰箱、空调、汽车等机器中的致冷剂进行集中处理,是防治氟利昂排放的有效方法。

需限制饮用水中 THMs 的浓度,使之不超过 $100 \ \mu g \cdot L^{-1}$,为此应在水厂考虑以下措施:

①用臭氧、高锰酸盐等药剂代替传统的氯作为水的消毒剂。

②用凝聚沉淀法除去腐殖质等前驱物,用活性炭或离子交换树脂等吸附除去其他有机化合物类前驱物。

③用曝气法或活性炭吸附法等去除已经生成的 THMs。

（二）多氯联苯

1.多氯联苯及其结构与性质

多氯联苯（简称 PCBs）是联苯分子中的氢原子被氯原子取代后形成的氯代苯烃类化合物（或异构体混合物）。联苯和多氯联苯的结构式如下。

联苯　　　　　　　　　　多氯联苯

$$(1 \leqslant m+n \leqslant 10)$$

PCBs 的纯化合物为晶体，混合物则为油状液体，一般工业产品均为混合物。低氯代物呈液态，流动性好，随着氯原子数的增加其黏稠度也相应增大，呈糖浆或树脂状。PCBs 的物理化学性质十分稳定，耐酸、耐碱、耐热、耐腐蚀和抗氧化，对金属无腐蚀，绝缘性能好，加热到 $1\,000 \sim 1\,400\,℃$ 才完全分解，除一氯、二氯代物外，均为不燃物质。PCBs 难溶于水，如含 54% 的氯化联苯在水中的溶解度仅为 $53\,\mu g \cdot L^{-1}$，纯多氯联苯的溶解度主要取决于分子中取代的氯原子数，随着氯原子数的增加，其溶解度降低（表 6-2）。

表 6-2　不同多氯联苯在水中的溶解度（25 ℃）

多氯联苯	溶解度/($\mu g \cdot L^{-1}$)	多氯联苯	溶解度/($\mu g \cdot L^{-1}$)
2,4′-二氯联苯	773	2,4,5,2″,5″-五氯联苯	11.7
2,5′,2′-三氯联苯	307	2,4,5,2′,4′,5′-六氯联苯	1.3
2,5,2′5′-四氯联苯	38.5		

常温下 PCBs 的蒸气压很小，属难挥发物质。但 PCBs 的蒸气压受温度和时间的影响，另外 PCBs 的蒸气压还与其分子中氯的含量有关，含氯量越高，蒸气压越小，挥发量越小。

2.多氯联苯的来源与分布

由于多氯联苯具有上述优良性质，因此它被广泛用于工业和商业等方面已有 50 多年的历史。它可作为变压器和电容器内的绝缘流体和润滑油，在热传导系统和水力系统中作介质，在配制润滑油、切削油、农药、油漆、油墨、复写纸、胶黏剂、封闭剂等中作添加剂,在塑料中作增塑剂等。

由于PCBs的挥发性和在水中的溶解度均较小,故其在大气和水中的含量较少。由于PCBs易被颗粒物所吸附,故在废水流入河口附近的沉积物中PCBs含量可高达 $2\,000\sim 5\,000\ \mu g\cdot kg^{-1}$。水生植物通常可从水中快速吸收PCBs,其富集系数为 $1\times 10^{4}\sim 1\times 10^{5}$。通过食物链的传递,鱼体中PCBs的含量可达 $1\sim 7\ mg\cdot kg^{-1}$ 湿重。PCBs在天然水和生物体内很难溶,是一种很稳定的环境污染物。尽管许多国家已经禁止使用,但以往排放的多氯联苯还将在环境中残留相当长的时间。例如,加拿大的海洋生物体内PCBs的富集情况为

紫菜————→鲑鱼肉————→海鸥肉————→海豹脂肪

$0.14\ \mu g\cdot g^{-1}$　　$0.62\ \mu g\cdot g^{-1}$　　$5.06\ \mu g\cdot g^{-1}$　　$20.0\ pg\cdot g^{-1}$

3.多氯联苯在环境中的迁移与转化

PCBs主要是在使用和处理过程中,通过挥发进入大气,然后经干、湿沉降转入河流、湖泊和海洋。转入水体的PCBs极易被颗粒物所吸附,沉入沉积物,使PCBs大量存在于沉积物中。虽然近年来PCBs的使用量大大减少,但沉积物中的PCBs仍然是今后若干年内食物链污染的主要来源。

由于多氯联苯的化学惰性而使其成为环境中的持久性污染物。它在环境中的主要转化途径是光化学分解和生物转化。

(1)光化学分解。

PCBs的光解反应与溶剂有关。如PCBs用甲醇作溶剂光解时,除生成脱氯产物外,还有氯原子被甲氧基取代的产物生成。而用环己烷作溶剂时,只有脱氯的产物。此外,PCBs光降解时,还发现有氯化氧芴和脱氯偶联产物生成。

(2)生物转化。

一般来说,从单氯到四氯代联苯均可被微生物降解。高取代的多氯联苯不易被生物降解。多氯联苯的生物降解性能主要决定于化合物中的碳氢键数量,相应未氯化的碳原子数越多,即含氯原子的数量越少,越容易被生物降解。

PCBs除了可在动物体内积累外,还可通过代谢作用发生转化。其转化速率随分子中氯原子的增多而降低。含4个氯以下的低氯代联苯几乎都可被代谢为相应的单酚,其中一部分还可进一步形成二酚。如

（主）　　　　　　　（次）

含 5 个氯或 6 个氯的 PCBs 同样可被氧化为单酚，但速度相当慢。含 7 个氯以上的高氯代联苯则几乎不被代谢转化。

4.多氯联苯的危害

多氯联苯已经对人类的生存和发展以及整个环境造成了巨大威胁。1968 年在日本鹿儿岛发生几十万只小型肉用鸡大死亡，同年发生"米糠油中毒事件"，至 1998 年，认定多氯联苯受害者高达 1 867 人，死亡 22 人，甚至出现有的受 PCBs 污染的母亲生出了黑孩子等严重后果，其原因都是米糠油中混入了多氯联苯，使人畜严重中毒。

PCB 污染对水生生物危害极大，如水中 PCBs 浓度为 $10\sim100~\mu g \cdot L^{-1}$ 时，便会抑制水生植物的生长；浓度为 $0.1\sim1.0~\mu g \cdot L^{-1}$ 时，会引起光合作用减少。黑头鲸鱼与 PCBs1260 接触 30 d，其半致死量为 $3.3~\mu g \cdot L^{-1}$；而与 PCBs1248 接触 30 d，其半致死量为 $4.7~\mu g \cdot L^{-1}$。尽管在 PCBs 浓度为 $3~\mu g \cdot L^{-1}$ 时，鱼类仍可繁殖，但其第二代鱼只要接触低含量 PCBs（$0.4~\mu g \cdot L^{-1}$），便会死亡。PCBs 还可使水中家禽的蛋壳厚度变薄。PCB 对以高脂肪为食的动物（如海生兽类、北极熊）和人类的危害特别大。北极熊以海豹的脂肪为主要食物，而这些脂肪可含有极高的 PCB 和其他有机毒物。北极熊脂肪的 PCB 含量在 1969—1984 年间就增加了 4 倍。

许多研究表明，PCB 是经母体传给幼体的，即通过胎盘传给胎儿或经乳汁传给受乳幼体的。PCB 分子上氯的位置也是致癌性的关键因素。氯化程度高（大于 50%）的混合物则是啮齿动物肝癌的致癌物。

邻位上氯原子数为 0 的同分异构体，理论上有 20 种，其中有 3,3′,4,4′-四氯联苯、3,3′,4,4′,5-五氯联苯、3,3′,4,4′,5,5′-六氯联苯，因它们的分子构型与二噁英很相似，被称为类二噁英多氯联苯，显示出极强的毒性。

5.多氯联苯的降解作用及处理方法

目前，主要用封存高温处理、化学处理及生物降解等方法对 PCBs 进行处理，其中高温处理中的焚烧法比较成熟，PCB 在 1 200 ℃ 的燃烧温度下，滞留 2 s 以上,就会被完全分解,但需防止焚烧过程中产生强致癌物——二噁英。封存法是一种临时性措施,不能解决 PCBs 污染的根本问题,而其他方法都还在研究探索之中。

(1)封存法。

封存法是将已生产和使用的含 PCBs 的废变压器油等封存在专门的仓库里或深埋在水泥池子里或储藏在偏僻的山洞中,以待集中处理。由于外壳腐蚀出现的渗漏现象,此种方法的环保隐患依然存在。

(2)高温处理法。

这是目前被广泛采用的废物处理方式,根据热源、介质的不同,可大致分为简单焚烧法、熔融介质法、等离子体法等。简单焚烧法是通过加入大量的燃料和落剂,将含 PCBs 的废变压器油在几秒钟内升温至 1 200～1 600 ℃进行焚烧,使之转化为其他化合物。

高温处理法箭注意的问题是:

①采用高温喷雾燃烧的方法,当燃烧温度为 1 200 ℃时,PCBs 停留时间必须超过 2 s。

②在窑炉的出口段设置二次燃烧炉。

③必须使燃烧废气迅速冷却,以抑制二噁英、苯并呋喃等二次有害污染物(如直接把高温废气引入液体中进行迅速冷却,使其在瞬间冷却到水的沸点附近)的产生。

④废气应通过吸收和除害装置来净化气体。

⑤通过活性炭吸附净化废水等。

(3)化学脱除法。

化学脱除法即在一定条件下,将试剂与 PCBs 反应,使之脱氯生成联苯化合物或其他无毒低毒的物质。化学法的优势是:不但可以彻底处理废物,而且设备简单,易于设计成车载装置,适用于处理集中的高依度的 PCBs 废物,也适用于处理分散的、低浓度的 PCBs 废物。美国、日本、澳大利亚等国对此方法研究较多,主要包括金属还原法、氢化法硫化还原法以及氧化氯化法等,其中氧化氯化法中有一个新颖的超临界法,是利用超临界水中的氧气或过氧化氢来氧化多氧联苯。它的优点是能连续处理,降解效果好,没有剧毒物产生,但不足之处是反应压力高于 21.8 MPa,反应条件太苛刻,操作复杂,设备昂贵,氧化剂价格高。

(4)生物降解法。

生物降解法是一种有潜力的方法,但只能降解低浓度的废物且速度较慢。多氯联苯的处理可采用一段紫外线(UV)处理和二段微生物处理相结合的分解处理技术。紫外线照射用于脱氮反应,含多氟联苯(PCBs)的乙醇溶液，紫外线吸收频谱在 237 mm 左右。用微生物处理时，将 *comamonas teroni* Tk102 菌种在 PCBs 培养液（PCBs 依度 1×10^{-3} 以上）中培育，对含氯数为 3 以下的 PCBs 分解效果良好；另外，使用 *Rhodococcusopacus* TSP203 菌种在低浓度 PCBs 培养液（PCBs 依度 25×10^{-6} 以下）中培养，可对含氯数为 5 以上的 PCB 分解。试验表明，排水 PCB 基准值可达 3×10^{-9} 以下。

综上所述，降解多氯联苯的方法较多，但目前大多处于实验室研究阶段，已工业化的也存在种不足之处，针对大量分散在世界各地的含 PCBs 的废物，迫切需要找到一种彻底的、环境友好的降解方法来解决这个世界性难题。根据我们国家的国情，国家发布的危险废物污染防治技术政策中明确指出：含多氯联苯废物应尽快集中到专用的焚烧设施中进行处置，不宜采用其他途径进行处置，其专用焚烧设施应符合国家〈危险废物焚烧污染控制标准〉的要求。

（三）二噁英

1.二噁英的来源与性质

随着农药和有关工业品进入环境，如杀虫剂、除草剂、防腐剂、金属冶炼等都会产生一类名为二噁英（Polychlorina teddibenzo-p-dioxins，PCDDs）的环境污染物。瓷碗、城市垃圾的焚烧，汽车尾气的排放和纸浆的漂白也是环境中的二噁英的主要来源。这类化合物的母核为二苯并-对二噁英，具有经两个氧原子连结的二苯环结构。在两个苯环上的 1，2，3，4，6，7，8，9 位置上可有 1～8 个取代氯原子，由于氯原子数和所在位置的不同，可能组合成 75 种异构体（或称同族体），总称多氯二苯并-对二噁英（PCDDs）。经常与之伴生且与二噁英具有十分相似的物理和化学性质及生物毒性的另一类污染物是二苯并呋喃（Polychlorina teddibenzofurans，PCDFs），或全称为多氯二苯并呋喃（PCDFs），它的氯代衍生物可能有 135 种。这两类化合物可简写为PCDD/Fs，其共同点是都含 2 个氯代芳环和 1 个氧杂环。

同族体中不同取代位的二噁英，其相对丰度和毒性大小差异很大，研究证实凡 2，3，7，8 位全部被取代的共平面二噁英是有毒的，其中，2，3，7，8-四氯代二苯并-对二噁英（2，3，7，8-TCDD）是目前已知的有机物中毒性最强的化合物。其他具有高生物活性和强烈毒性的异构体是 2，3，7，8 位置被取代的含 4～7 个氯原子的化合物。如 1，2，3，4，7，8-P_6CDD、1，2，3，4，6，7，8-P_6CDD、1，2，3，4，7，8-P_6CDF、1，2，3，4，6，7，8-P_6CDF。

2.二噁英在环境中的迁移转化

地表径流及生物体富集是水体中 PCDDs 和 PCDFs 的重要迁移方式。鱼体对 TCDD 的生物浓缩系数为 5 400～33 500。工业生产的二噁英能强烈地吸附在颗粒上,通过空气、水源、泥土和植物进入食物链。除了人食用被二噁英污染的粮食、油料、果蔬外,禽畜食用经二噁英污染的饲料和水后,二噁英即进入人体内及禽畜体内的脂肪层或是进入富含脂肪的产品禽畜,如牛奶、蛋黄。当人们食用被污染的禽畜、肉蛋、奶品时,二噁英便转移到人体内产生危害。

光化学分解是 PCCDs 和 PCDFs 在环境中转化的主要途径,其产物为氯化程度较低的同系物。TCDD 光解除必须有紫外光外,一般还应有质子给予体和光传导层存在。如在水体悬浮物中或干(湿)泥土中,2,3,7,8-TCDD 的光分解由于缺乏质子给予体可以忽略不计。但在乙醇溶液中,无论是以实验光源或自然光照射,TCDD 都可很快分解。

TCDD 在动物体内的代谢很慢,其半衰期为 13～30 d。在动物体内它可能被 P1-450(P-488)酶体系分解代谢为 TCDD 的芳烃氧化物,并很快与蛋白质结合,使其毒性变得更加剧烈。有研究发现,鼠可以使低于六个氯的 PCDF 发生代谢转化,主要是发生氧化、脱氯和重排反应。而对六和七氯代 PCDF 则不发生反应。有毒的 2,3,7,8-TCDD 在人体内排泄非常慢,11a 后仍可检测到。PCDD 是高度抗微生物降解的物质,仅有 5% 的微生物菌种能够分解 TCDD,其微生物降解半衰期为 230～320 d。

3.二噁英的防治

在焚烧炉内或在野外焚烧垃圾等固体废弃物是产生二噁英的主要来源,即使焚烧物料带入的 PCDD/Fs 和在焚烧炉中暂时生成的 PCDD/Fs,在停留时间大于 2 s 且焚烧炉的高温条件下,都会分解而不复存在,但在烟气排出、降温的过程中会重新合成 PCDD/Fs,其合成机理大致有两种类型。

(1)重新合成机理。

焚烧物料中所含金属(Cu、Zn、Na、K 等)及其氧化物一般是惰性的、不可燃烧的,在此起反应催化剂的作用。但含氯有机化合物 $C_x H_y Cl_z$ 在高温下分解反应,可产生 HCl,即

$$a(C_x H_y Cl_z) + b O_2 \longrightarrow m CO_2 + p HCl$$

在有金属氧化物 MO 和金属氯化物 MCl_2 存在条件下,HCl 可进一步被催化还原为 Cl_2,即

$$MCl_2 + 1/2 O_2 \longrightarrow MO + Cl_2$$

$$MO + 2HCl \longrightarrow MCl_2 + H_2O$$
$$2HCl + 1/2O_2 \longrightarrow H_2O + Cl_2$$

所生成的 Cl_2 即成为下一步重新合成氯代物的氯源。

重新合成所需有机物"碎片"来源于较大分子化合物在高温下的热裂解。例如，通过以下反应可生成乙烯，即

$$C_6H_4(COOC_2H_5)_2 \longrightarrow C_6H_4(COOH)_2 + 2C_2H_4$$

有机碎片加上可作为氯源的 Cl_2（或 Cl 等），在具备不太高的温度和金属催化剂的条件下，可与烟黑粒子表面重新合成各种 PCDD/Fs 异构物。在 $200 \sim 400$ ℃时，PCDD/Fs 的生成反应速率大于已生成物的脱氯分解反应；在 300 ℃时，产物生成速率最大。

（2）前驱物间反应生成机理。

焚烧废弃物中原先就存在的或经不完全的均-气相反应后产生的含氯前驱物（如 1,2-二氯苯和邻氯苯酚），被吸附在烟黑颗粒上，在较低温度下可通过以下反应历程生成 PCDD/Fs。其中包含了生成苯氧基、二苯基中间体的过程。

根据以上 PCIDD/Fs 的生成机理，可提出如下几项控制其多量排放的措施：

①在焚烧处理时要分选出焚烧物料中所含氯制品。

②强化焚烧条件，使过程在温度大于 1 000 ℃停留时间大于 2 s 及强紊流状态下进行，由此提高燃烧效率，以减少不完全燃烧产物及烟黑的生成量。

③控制除尘设备进气温度（低于 200 ℃），以切断重新合成反应持续进行。

④焚烧后处理包括强化除尘、用活性炭吸附法或石灰浆吸收法处理废气等。

二、多环芳烃

（一）多环芳烃的来源与性质

多环芳烃即 PAHs，是指两个以上苯环连在一起的化合物。两个以上的苯环连在一起可以有两种方式：一种是非稠环型，即苯环与苯环之间各由一个碳原子相连，如联苯、联三苯等；另一种是稠环型，即两个碳原子为两个苯环所共有，如萘、蒽等。

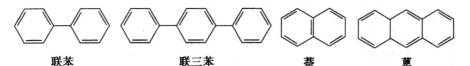

| 联苯 | 联三苯 | 萘 | 蒽 |

PAHs 由两个以上的苯环以线性排列、弯接成簇聚的方式而构成。大多数 PAHs 不溶于水，沸点高达 150～525 ℃。PAHs 的熔点也高，为101～438 ℃，其相对分子质量在 178～300 之间。多环芳烃类化合物具有大的相对分子质量和低的极性，所以大多是水溶性很小的物质，但若水中存在有阴离子型洗涤剂时，其溶解度可提高到 10^4 倍。

存在于环境中的多环芳烃有天然和人为的两种来源。前者包括：①某些细菌、藻类和植物的生物合成产物；②森林、草原燃起的野火及火山喷发物；③从化石燃料，木质素等散发出多环芳烃，是长期地质年代间由生物降解物再合成的产物。人为源主要是各种矿石燃料（如煤、石油、天然气等）、木材纸以及其他含碳氢化合物的不完全燃烧和在还原气氛下热解而形成的。PAHs 在焚烧炉中的生成机理如下。

在燃烧过程中较大分子有机物因燃烧不完全并由热裂解产生小分子有机化合物，如乙烯等。乙烯在稍低温度下（约 600 ℃）即可脱氢缩聚而生成芳香烃单环芳烃类化合物，于 400～500 ℃下可脱氢缩合成多环芳烃。

Badger 根据实验结果，提出了在热解过程中产生致癌性很强的苯并[a]芘(Bap)的机理。特别值得提及的是从吸烟者喷出的烟气中，迄今已检测到 150 种以上多环芳烃，其含量比饮水高得多，其中致癌性的多环芳烃有10 种，如苯并[a]芘、二苯并[a,j]蒽、苯并[b]荧蒽、二苯并[a,h]蒽、苯并[j]荧蒽、苯并[a]蒽等，如表 6-3 所示。据调查，每日吸 20 支香烟比不吸烟者人群患肺癌的概率大 15 倍左右，而每日吸 40 支者则高达 60 倍。

表 6-3 烟草焦油中致癌性多环芳烃

PAH	μg/100 支	PAH	μg/100 支
苯并[a]蒽	0.3～0.6	苯并[b]荧蒽	0.3
䓛	4.0～6.0	苯并[j]荧蒽	0.6
1,2,3-甲基䓛,6-甲基䓛	2.0	茚并[1,2,3-cd]芘	0.4
5-甲基䓛	0.06	二苯并[a,i]芘	痕量
二苯并[a,h]蒽	0.4	二苯并[a,l]芘	痕量
苯并[a]芘	3.0～4.0	二苯并[c,g]咔唑	0.07

续表

PAH	μg/100 支	PAH	μg/100 支
2-甲基荧蒽	0.2	二苯并[a,h]吖啶	0.01
3-甲基荧蒽	0.2	二苯并[a,j]吖啶	0.27～1.0
苯并[c]菲	痕量		

此外,据研究,食品经过炸炒、烘烤、熏等加工后会生成多环芳烃。如北欧冰岛人胃癌发病率较高,这与当地烟熏食品的苯并[a]芘的含量高有一定的关系。据调查,香肠、腊肠中苯并[a]芘含量为 $1.0～10.5$ μg·kg^{-1},熏鱼中的含量为 $1.7～7.5$ μg·kg^{-1},油煎肉饼中的含量为 7.9 μg·kg^{-1}。

此外,在柴油机和汽油机的排气中,煤油厂、煤气厂、煤焦油加工厂等排放的废气中以及汽车、飞机等交通运输工具排放的废气中都存在多环芳烃。目前,在大气颗粒物中已检出的 PAHs 有 100 多种,含氮的 PAHs 有 26 种,含硫的 PAHs 报道很少。大气污染严重的地区,经沉降作用使得土壤中的 PAHs 含量也增高。如日本曾测得,人烟稀少地区的土壤中含苯并[a]芘 $0.07～11$ μg·kg^{-1},而大阪市区土壤中含苯并[a]芘达 $1.19～4.93$ μg·kg^{-1},后者比前者高约 100 倍。

地面水中的 PAHs 主要来源于工业废水,如页岩、焦化、焦煤气、炼油、塑料及颜料等工业排放的废水。城市地下污水中也含有 PAHs,浓度约为 $0.015～1.8$ μg·L^{-1}。海洋植物体内的多环芳烃是植物自身合成的。海洋动物体内的多环芳烃是从体外摄入,并固定和富集于体内的。

(二)多环芳烃在环境中的迁移及转化

PAH 主要来源于各种矿物燃料及其他有机物的不完全燃烧和热解过程,这些高温过程(包括天然的燃烧、火山爆发)形成的 PAH 随着烟尘、废气被排放到大气中。释放到大气中的 PAH,总是和各种类型的固体颗粒物及气溶胶结合在一起。因此,大气中 PAH 的分布、滞留时间、迁移、转化和进行干、湿沉降等都受其粒径大小、大气物理和气象条件的支配。在较低层的大气中,直径小于 1 μm 的粒子可以滞留几天到几周,而直径为 $1～10$ μm 的粒子则最多只能滞留几天,大气中的 PAH 通过干、湿沉降进入土壤和水体以及沉积物中,并进入生物圈,见图 6-6。

多环芳烃在紫外光(300 nm)照射下很易光解和氧化,如苯并[a]芘在光和氧的作用下,可在大气中形成 1,6-醌苯并芘、3,6-醌苯并芘和 6,12-醌苯并芘:

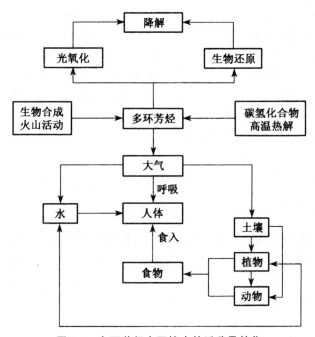

| 苯并[a]芘 | 1,6-醌苯并芘 | 3,6-醌苯并芘 | 6,12-醌苯并芘 |

多环芳烃也可以被微生物降解。例如,苯并[a]芘被微生物氧化可以生成 7,8-二羟基-7,8-二氢-苯并[a]芘及 9,10-二羟基-9,10-二氢-苯并[a]芘。多环芳烃在沉积物中的消除途径主要靠微生物降解。微生物的生长速度与多环芳烃的溶解度密切相关。

图 6-6 多环芳烃在环境中的迁移及转化

多环芳烃在水中的溶解度很低,约为 $0.01~\mu g \cdot L^{-1}$。但它可在洗涤剂作用下分散于水中,所以水体中的多环芳烃可能呈现三种状态,即吸附于悬浮性固体上、溶解于水中或呈乳化状态。多环芳烃是一类不易分解且比较稳定的有机物。水生生物对其能进行某些生物降解,也可通过食物链富集浓缩,在浮游生物体内可富集数千倍。多环芳烃化合物具有大的相对分子质量和低的极性,所以大多是水溶性很小的物质,但当水中存在阴离子型洗涤剂时,其溶解度可提高 10^4 倍。此外,PAH 还可与水中存在的胶体形成缔合物,并以此形式在整个天然水中迁移。

含 2~3 个环且相对分子质量较低的 PHA(蔡、芴、菲、蒽)具有较大的挥发性,对水生生物有较大毒性;含 4~7 个环且相对分子质量高的 PAH 化合物,大多具有致癌性。

三、表面活性剂

凡是在低浓度下吸附于体系的两相表(界)面上,改变界面性质,显著降低表(界)面张力,并通过改变体系界面状态,从而产生润湿反润湿、乳化与破乳、起泡与消泡,以及在较高浓度下产生增溶的物质,称之为表面活性剂。

表面活性剂之所以能在界面上吸附,改变界面性质,主要是因为分子结构是由非极性的亲油基和极性的亲水基两部分所组成。亲油基一般是碳氢链、聚氧丙烯链碳氟链和硅烷链等;而亲水基一般则是—COOM,—SO$_3$M 和聚氧乙烯链(—CH$_2$—CH$_2$—O—)等。

虽然表面活性剂的分子都具有两亲性,但亲油性、亲水性随着表面活性剂分子组成和结构的不同而有差异。有的分子亲油亲水性是平衡的,有的则不平衡。另外,应该指出:具有两亲性结构的分子不一定都是表面活性剂。例如,有机羧酸钠盐中烃链较短的甲酸钠、乙酸钠和丙酸钠,它们分子中均有亲油基团——烃链和亲水基团——羧钠基(—COONa),但由于亲油的烃链过短,亲油能力很差,所以没有表面活性。

(一)表面活性剂的分类、性质及其来源

表面活性剂的疏水基团主要是含碳氢键的直链烷基、支链烷基、烷基苯基以及烷基蔡基等,其性能差别较小,但其亲水基团部分差别较大。表面活性剂按其亲水基团结构和类型可分为四种,即阴离子表面活性剂、阳离子表面活性剂、两性表面活性剂和非离子表面活性剂。

1.阴离子表面活性剂

溶于水时,与疏水基相连的亲水基是阴离子,其类型为:

羧酸盐:如肥皂,RCOONa

磺酸盐:如烷基苯磺酸钠,R—⟨∼⟩—SO$_3$Na

硫酸酯盐:如硫酸月桂酯钠,C$_{12}$H$_{25}$OSO$_3$Na

磷酸酯盐:如烷基磷酸钠,RO—P$\Big\langle{}^{\text{ONa}}_{\text{ONa}}$=O

2.阳离子表面活性剂

溶于水时,与疏水基相连的亲水基是阳离子,其主要类型是有机胺的衍生物,常用的有季铵盐,如十六烷基三甲基溴化铵 $C_{16}H_{33}N^+(CH_3)_3Br^-$。阳离子表面活性剂有一个与众不同的特点,即它的水溶液具有很强的杀菌能力,因此常用做消毒灭菌剂。

3.两性表面活性剂

指由阴、阳两种离子组成的表面活性剂,其分子结构和氨基酸相似,在分子内部易形成内盐。其典型的化合物如 $RN^+H_2CH_2CH_2COO^-$,$RN^+(CH_3)_2CH_2COO^-$ 等。它们在水溶液中的性质随溶液 pH 的改变而改变。

4.非离子表面活性剂

其亲水基团为醚基和羟基。主要类型如下:

脂肪醇聚氧乙烯醚:如 $R—O{\rightarrow}(C_2H_4O)_{\overline{n}}H$

脂肪醇聚氧乙烯酯:如 $RCOO{\rightarrow}(C_2CH_2O)_{\overline{n}}H$

聚氧乙烯烷基酰胺:如 $RCONH{\rightarrow}(C_2H_4O)_{\overline{n}}H$

聚氧乙烯烷基胺:如
$$\begin{array}{c} R \\ \diagdown \\ N{\rightarrow}(C_2H_4O)_{\overline{n}}H \\ \diagup \\ R \end{array}$$

多醇表面活性剂:如 $C_{11}H_{23}COOCH_2—CHCH_2OCH_2CHCH_2OH$
$$\qquad\qquad\qquad\qquad\qquad OH\qquad\qquad\quad OH$$

烷基苯酚聚氧乙烯醚:如 $R{-}\!\!\!\!\!\bigcirc\!\!\!\!\!{-}O{\rightarrow}(C_2H_4O)_{\overline{n}}H$

表面活性剂的性质依赖于它的化学结构,即依赖于表面活性剂分子中亲水基团的性质及其在分子中的相对位置,分子中亲油基团(即疏水基团)的性质等对其化学性质也有显著影响。

(二)表面活性剂的迁移转化与降解

表面活性剂含有很强的亲水基团,它不仅本身亲水,也使其他不溶于水的物质长期分散于水体中,且随水流迁移,只有当它与水体悬浮物结合凝聚时才沉入水底。

表面活性剂进入水体后,主要靠微生物降解来消除。但是表面活性剂的结构对生物降解有很大影响。

(1)阴离子表面活性剂。

疏水基结构不同的烷基苯磺酸钠(即 ABS)微生物对其降解性不同。其降解顺序为:直链烷烃＞端基有支链取代的＞三甲基的。

(2)非离子表面活性剂。

非离子型表面活性剂可分为很硬、硬、软及很软四类。带有支链和直链的烷基酚乙氧基化合物属于很硬和硬两类,而仲醇乙氧基化合物和伯醇乙氧基化合物则属于软和很软两类。生物降解试验表明:直链伯、仲醇乙氧基化合物在活性污泥中的微生物作用下能有效地进行代谢。

(3)阳离子和两性表面活性剂。

由于阳离子表面活性剂具有杀菌能力,所以在研究这类表面活性剂的微生物降解时必须注意负荷量和微生物的驯化。据研究,十四烷基二甲基苄基氯化铵(TDBA)驯化后的平均降解率为 73％,TDBA 对未驯化污泥中的微生物的生长抑制作用很大,降解率很低,而对驯化的污泥中的微生物的生长抑制较小,说明驯化的作用是很明显的。除季铵类表面活性剂对微生物降解有明显影响外,其他胺类表面活性剂均未发现有明显影响。

(三)表面活性剂对环境的污染与生物效应

表面活性剂是合成洗涤剂的主要原料,特别是早期使用最多的烷基苯磺酸钠(ABS),由于它在水环境中难以降解,发泡问题十分突出,故造成地表水的严重污染。

①表面活性剂使水的感观状况受到影响。据调查研究,当水体中洗涤剂浓度达到 $0.7\sim1.0\ mg\cdot L^{-1}$ 时,就可能出现持久性泡沫。洗涤剂污染水源后用一般方法不易清除,所以在水源受到洗涤剂严重污染的地方,自来水中也会出现大量泡沫。

②由于洗涤剂中含有大量的聚磷酸盐作为增净剂,因此使污水中含有大量的磷,这是造成水体富营养化的重要原因。据估计,工业发达国家的天然水体中总磷含量的 $16％\sim35％$ 是来自合成洗涤剂。

③表面活性剂可以促进水体中石油和多氯联苯等不溶性有机物的乳化与分散,增加污水处理的难度。

④由于阳离子表面活性剂具有一定的杀菌能力,在其浓度较高时,可能破坏水体的微生物群落。据试验,烷基二甲基苄基氯化铵对鼷鼠一次经口的致死量为 340 mg,而人经 24 h 后和 7 d 后的致死量分别为 640 mg 和 550 mg。由两年的慢性中毒试验表明,即使饮料中仅有 0.063％的烷基二甲基苄基氯化铵也能抑制发育;当其浓度为 0.5％时,出现食欲不振,并且有死亡事例发生,但只限于最初的 10 周以内,10 周以后未再出现。相同病

理现象是下痢、腹部浮肿、消化道有褐色黏性物、盲肠充盈或胃出血性坏死等。

直链烷基苯磺酸钠(LAS)的生物降解速度虽不能与肥皂相比,但与其同类物质烷基苯磺酸钠(ABS)相比,还是相当快的。在 LAS 的生物降解过程中,既不产生有毒的中间产物,也无蓄积的倾向。当分子通过降解变小后就很难再与鱼体中的鳃蛋白形成复合体,对鱼类的不良作用也就逐渐减弱了。

经常与合成洗涤剂接触的皮肤会引起皮肤炎,不久后还会诱发湿疹并发生继发性霉菌感染等。使用合成洗涤剂后的手感与肥皂的情况略有不同,它产生一种涩感,这是由于 RSO_3Na 类合成洗涤剂与手的皮肤蛋白形成了复合物所致。一般认为,家用合成洗涤剂在日常生活中,只要正确使用,是不会对人体有毒害作用的。

洗涤剂对油性物质有很强的溶解能力,能使鱼的味觉器官遭到破坏,使鱼类丧失避开毒物和觅食的能力。据报道,水中洗涤剂的浓度超过 $10\ mg \cdot L^{-1}$ 时,鱼类就难以生存了。

四、亚硝胺

自从马吉(Magee)和巴恩斯(Barnes)发现二甲基亚硝胺能使动物产生肝癌以来,N-亚硝基化合物(主要是亚硝胺)日益成为人们十分重视的致癌物。目前已发现的 N-亚硝胺基化合物有 120 多种,其中 80% 具有较强的致癌性。

硝酸盐和亚硝酸盐是生成亚硝胺的前提物,它们都广泛分布于自然界,能在微生物或催化剂的作用下,与二级胺作用生成种类繁多的 N-亚硝基化合物。

在亚硝胺类化合物中,最简单而又常见的是二甲基亚硝胺和二乙基亚硝胺,其次是吡咯烷亚硝酸、二丙基亚硝胺、甲基戊基亚硝胺和 N-亚硝基联苯胺或称二苯基亚硝胺。

凡脂肪烃、芳香烃的碳原子上直接连接亚硝基的化合物,都比直接连接硝基的化合物毒性大。若亚硝基直接连接在 N 原子上,不仅毒性更大,而且它们多数具有致癌性和致突变性。

亚硝胺的形成有许多途径,主要是由仲胺、叔胺和季铵盐在酸性条件下与亚硝酸反应而成。胺盐和亚硝酸盐是两个前提物。亚硝酸盐又可从环境中的 NO_x 和硝酸盐转化而来。亚硝化反应除与反应物浓度有关外,在酸性条件下比较容易发生。所以胺的碱性愈强,反应愈慢。弱碱性的二苯胺比强碱性的二甲胺的亚硝化速度约快 1 000 倍。亚硝化反应可表示为：

$$2HNO_2 \rightleftharpoons N_2O_3 + H_2O$$

$$R_2\!-\!\overset{\displaystyle R_1}{\underset{\displaystyle |}{N}}H + N_2O_3 \rightleftharpoons R_2\!-\!\overset{\displaystyle R_1}{\underset{\displaystyle |}{N}}\!-\!NO + HNO_2$$

有一些物质能促进亚硝化反应，如硫脲、卤素离子、SCN^- 等，它们的作用强度顺序为

$$硫脲 \gg I^- > SCN^- > Br^- \gg Cl^- > SO_4^{2-}$$

值得注意的是，正常人的唾液和尿中，都含有 SCN^-，特别是吸烟者，他们的尿中 SCN^- 的含量比正常人高 3 倍左右，唾液中约高 8 倍。从这一点看，吸烟具有更大的危险性。

参考文献

[1] 丛鑫,王静,邓月华.环境化学[M].徐州:中国矿业大学出版社,2018.

[2] 张宝贵,郭爱红,周遗品.环境化学[M].武汉:华中科技大学出版社,2018.

[3] 王凯雄,徐冬梅,胡勤海.环境化学[M].2版.北京:化学工业出版社,2018.

[4] 朱艳.材料化学[M].西安:西北工业大学出版社,2018.

[5] 曹国庆.化学应用基础[M].北京:化学工业出版社,2016.

[6] 吴婉娥.化学与应用[M].西安:西北工业大学出版社,2019.

[7] [德]马库斯·安东尼提,克劳斯·米伦.石墨烯及碳材料的化学合成与应用[M].郝思嘉,杨程,译.北京:机械工业出版社,2019.

[8] 孟超.深入探讨新型金属材料——超级合金的性能与应用[M].成都:电子科技大学出版社,2018.

[9] 杨波.水环境水资源保护及水污染治理技术研究[M].北京:中国大地出版社,2019.

[10] 彭红波.污染物的环境行为及控制[M].北京:化学工业出版社,2019.

[11] 李凯,宁平,梅毅,等.化工行业大气污染控制[M].北京:冶金工业出版社,2016.

[12] 王连生.环境科学与工程辞典[M].北京:化学工业出版社,2002.

[13] 陈立民,吴人坚,戴星翼.环境学原理[M].北京:科学出版社,2003.

[14] 闵恩泽,吴巍.绿色化学与化工[M].北京:化学工业出版社,2000.

[15] 孙胜龙.环境激素与人类未来[M].北京:化学工业出版社,2005.

[16] 张金良,郭新彪.居住环境与健康[M].北京:化学工业出版社,2004.

[17] 奚旦立,孙裕生,刘秀英.环境监测(修订版)[M].北京:高等教育出版社,1995.

[18] 赵睿新.环境污染化学[M].北京:化学工业出版社,2004.

[19] 许群.环境、化学与可持续发展[M].北京:化学工业出版社,2004.

[20] 李欣,袁一新,宋学峰等.水环境信息学[M].哈尔滨:哈尔滨工业

大学出版社,2004.

[21] 王学锋,朱桂芬.重金属污染研究新进展[M].环境科学与技术,2003,26(1):54-57.

[22] 秦勇,张高勇,康保安.表面活性剂的结构与生物降解性的关系[J].日用化学品科学,2002,25(5):20-23.

[23] 杨丽娟.应用表面活性剂生物降解和光降解技术研究进展[J].精细化工,2002,19:113-115.

[24] 官景渠,李济生.表面活性剂在环境中的生物降解[J].环境科学,1994,15(2):81-85.

[25] 孟庆昱,储少岗,徐晓白.多氯联苯的环境吸附行为研究进展[J].科学通报,2000,45(15):1572-1583.

[26] 毕新慧,徐晓白.多氯联苯的环境行为[J].化学进展,2000,12(2):152-160.

[27] 王政华,施周.利用紫外光降解多氯联苯(PCBs)的研究进展[J].环境污染治理技术与设备,2001,2(6):10-15.

[28] 汤鸿霄.环境纳米污染物与微界面水质过程[J].环境科学学报,2003,23(2):146-155.

[29] 孙春岐.环境激素的研究进展[J].承德民族师专学报,2003,23(2):72-75.

[30] 吴文海,徐杰.多氯联苯降解方法研究进展[J].宁夏大学学报(自然科学版),2001,22(2):203-205.

[31] 赵丽萍,王麟生.绿色化学——环境战略的新认识[J].化学教学,2000,7:28-32.

[32] 夏祥鳌,王明星.气溶胶吸收及气候效应研究的新进展[J].地球科学进展,2004,19(4):630-635.

[33] 李欣,王郁萍.二噁英物质的结构性质分析[J].哈尔滨工业大学学报,2004,36(4):513-515.

[34] 戚韩英,汪文斌,郑昱,等.生物膜形成机理及影响因素探究[J].微生物学通报,2013,(04):677-685.